精准畜牧业中
计算机视觉的研究和应用

赵建敏　著

西北工业大学出版社

西　安

【内容简介】 本书结合了作者近年来的研究成果,介绍了计算机视觉在精准畜牧业中的研究和应用,让读者深入地了解在精准畜牧业之一的牛养殖中基于计算机视觉的身份识别和生长信息测量的理论、应用和发展。围绕牛身份识别方法,首先,本书详细阐述了深度度量学习、无监督学习和字典学习在牛脸识别、自然状态下牛身份识别任务中的理论和应用;其次,围绕牲畜生长信息测量任务,阐述了基于单目相机、基于 Kinect 传感器、基于双目深度估计以及基于多机位相机的牛生长参数测量方法,测量牛的体高、体长、体斜长、胸围及腹围等生长参数。

本书可供从事计算机视觉、深度学习、人工智能、农牧业信息化和智能化研究和工作的专家与学者、农牧业科技人员学习和参考。

图书在版编目(CIP)数据

精准畜牧业中计算机视觉的研究和应用 / 赵建敏著.
西安 : 西北工业大学出版社,2025.3. -- ISBN 978-7
-5612-9787-2

Ⅰ. S818

中国国家版本馆 CIP 数据核字第 2025W6S608 号

JINGZHUN XUMUYE ZHONG JISUANJI SHIJUE DE YANJIU HE YINGYONG

精 准 畜 牧 业 中 计 算 机 视 觉 的 研 究 和 应 用

赵建敏 著

责任编辑:朱晓娟	**策划编辑**:肖 莎	
责任校对:张 友	**装帧设计**:高永斌 李 飞	
出版发行:西北工业大学出版社		
通信地址:西安市友谊西路 127 号	邮编:710072	
电 话:(029)88493844,88491757		
网 址:www.nwpup.com		
印 刷 者:西安五星印刷有限公司		
开 本:787 mm×1 092 mm	1/16	
印 张:8.25	插页:2	
字 数:206 千字		
版 次:2025 年 3 月第 1 版	2025 年 3 月第 1 次印刷	
书 号:ISBN 978-7-5612-9787-2		
定 价:50.00 元		

如有印装问题请与出版社联系调换

　　精准畜牧业是指利用现代信息处理技术实现以牲畜个体为单位的、实时精准的智能化监控和管理。当前,我国畜牧业生产正处在由传统粗放型养殖方式向智能化精准养殖方式转型的过程中,面临着畜牧业生产对现代信息技术的迫切需求和当前畜牧业信息化、智能化水平相对较低,数据生产、数据赋能能力不足的矛盾。

　　自2018年起,笔者及其科研团队致力于计算机视觉以及人工智能理论和技术在畜牧业精准化养殖领域的应用研究。本书详细阐述了计算机视觉、深度学习相关理论在牛身份识别和生长信息测量任务中的理论和应用,为牧场信息化管理、免疫防疫及金融保险提供牲畜身份勘验方法,也为牲畜个体追踪、行为分析和健康监测等精准饲养环节提供身份识别以及生长信息采集等服务,进而提高畜牧业全流程数据的生产能力,为畜牧业数据赋能奠定基础。

　　首先,牛的身份识别是畜牧业信息化和智能化养殖的首要任务。在信息化养殖管理体系中,身份识别是牛档案管理、免疫防疫、金融保险中身份查验的必要前提,也是牛肉、乳产品追踪溯源的根本保障。在精准化养殖生产体系中,牛身份识别是个体追踪、行为分析以及生长和健康监测等环节的必要条件。

　　针对信息化管理和精准化生产对身份识别任务的不同需求,笔者及其科研团队分别开展了基于牛脸图像的身份识别算法和基于多视角图像的自然状态下牛身份识别算法的研究和应用。本书从监督学习到无监督学习,详细给出了字典学习、深度度量学习、无监督领域自适应学习在牛脸识别任务、自然状态下牛身份识别任务中的相关理论和应用方法,为致力于畜牧业牲畜身份识别领域研究的专家和学者提供有益的参考和示范。

　　其次,牛的生长信息包括体高、体长、体斜长、胸围、腹围、管围及体重等数据,能够客观地反映出动物个体的营养状况、生产能力、繁殖育种能力及健康水平,也能指导养殖牧场、育种基地进行科学饲喂、决策和经营。在中大规模牛养殖企业、育种基地以及活牛交易市场的牛产品生产、育种和交易活动中,人们对牛的生长参数、体况评估以及生长档案信息都有着迫切的需求。

目前,生长信息测量主要依靠手工测量和登记。一方面,在接触式手工测量时,牛容易产生较大的应激反应,测量难度大;另一方面,手工测量劳动强度大、耗时长、效率低,而且标准化程度较低、信息化水平较低,这些会造成牛养殖生产中个体及种群的生长信息采集、管理和应用能力的不足。

针对如何快速、准确及便捷地测量牛生长信息的问题,笔者及其科研团队从2019年开始,探索研究了单目相机、双目相机、深度相机以及多机位相机融合的测量方法。结合目标检测、目标分割等深度学习算法,本书详细阐述了基于计算机视觉的非接触式牛生长信息测量方法,为致力于动物生长参数测量、体况评估研究的专家和学者提供参考。

本书是对笔者及其科研团队自2019年以来在畜牧业信息化和智能化领域牛身份识别和生长参数测量任务中采用的理论、方法和应用的系统总结。依据不同的任务和采用的算法,本书首先介绍了牛身份识别方法,包含基于多视角图像的自然状态下牛身份识别方法、基于牛脸图像的牛身份识别方法;其次介绍了牛生长参数测量方法,包含基于单目相机、深度相机、双目相机和多机位相机的测量方法。

本书凝聚了笔者及其科研团队的智慧和成果,笔者首先要感谢笔者的导师——燕山大学练秋生教授,他在研究中的教诲和指导让笔者受益良多。感谢内蒙古科技大学李宝山教授、李琦教授,他们在草原畜牧业信息化和智能化研究中始终给笔者指引方向,保证了课题持续推进的动力。感谢笔者的导师——中国农业大学谭彧教授,以及中国农业大学郑永军教授、陈兵旗教授,他们在科研中给予了大量的意见和方向性指导,解决了笔者在研究中的很多困惑。感谢内蒙古智牧溯源技术开发有限公司张万锴总经理,李亚坤、窦志鹏、张旭等技术人员,他们保障了项目开展的基础实验条件。感谢笔者的研究生文博、赵成、刘一呈、杨胜楠、杨梅、李雪冬、姜世奇、刘伟、李强强、胡宝加、刘鹏、秦存相、赵忠鑫等,感谢他们在课题的各个阶段的不懈努力和辛勤工作。

本书的研究工作也是在国家自然科学基金项目(项目编号:32460858)、内蒙古自然科学基金项目(项目编号:2023MS06014、2019LH06006)、内蒙古自治区科技计划项目(项目编号:2021GG0224)、内蒙古自治区直属高校基本科研业务费项目、内蒙古自治区科技重大专项(项目编号:2019ZD025)以及控制科学与工程提质培育学科建设项目的资助下完成的,在此表示感谢。在撰写本书的过程中,曾参阅了相关文献资料,在此对其作者表示感谢。

　　畜牧业信息化和智能化转型升级是一项融合畜牧科学、计算机科学、电子和信息科学以及人工智能等多个学科和领域的任务,并且养殖企业的规模不一、现场环境复杂,规范化生产难度较大,专门的信息化、智能化理论和方法尚未成熟,在研究及实践中也面临着较多的困难和挑战。由于笔者的水平有限,书中难免有疏漏或不足之处,恳请广大读者批评指正。

著　者

2024 年 10 月

目录

第1章 绪 论

精准畜牧业(Precision Livestock Farming)是指利用现代信息处理技术实现以牲畜个体为单位的、实时精准的智能化监控和管理。当前,我国畜牧业生产正处在由传统生产方式向现代化生产方式转型的过程中,面临着畜牧业生产对现代信息技术的迫切需求和当前畜牧业信息化、智能化水平相对较低的矛盾。近年来,中央一号文件和各级与农牧业相关的文件连续明确提出了发展农业科技、打造现代农业的目标和要求。

2020年,《中共中央 国务院关于抓好"三农"领域重点工作确保如期实现全面小康的意见》提出"加强现代农业设施建设","加快物联网、大数据、区块链、人工智能、第五代移动通信网络、智慧气象等现代信息技术在农业领域的应用"。2021年,《中共中央 国务院关于全面推进乡村振兴加快农业农村现代化的意见》提出"发展智慧农业,建立农业农村大数据体系,推动新一代信息技术与农业生产经营深度融合"。2022年,《中共中央 国务院关于做好2022年全面推进乡村振兴重点工作的意见》提出"加快扩大牛羊肉和奶业生产,推进草原畜牧业转型升级试点示范"。2023年,《中共中央 国务院关于做好2023年全面推进乡村振兴重点工作的意见》提出"推动农业关键核心技术攻关","坚持产业需求导向,构建梯次分明、分工协作、适度竞争的农业科技创新体系,加快前沿技术突破"。

此外,2017年7月国务院发布的《新一代人工智能发展规划》中提出了加快推进产业智能化升级,发展智能农业,开展智能牧场集成应用示范,为人工智能在畜牧业中的应用指明了方向。

内蒙古自治区是我国重要的畜牧业生产基地,在《内蒙古自治区"十四五"畜牧业高质量发展规划》中也明确提出,"构建现代化畜牧养殖体系","提升畜禽养殖设施装备水平,推进畜牧业生产智能化配套改造升级,加快先进技术在畜牧业生产各环节的深度应用"。

可见,加快新兴的信息和人工智能理论、技术与传统畜牧业生产的相互融合,提高传统畜牧业生产的自动化、信息化和智能化水平,是畜牧业转型升级历史阶段的迫切需求和核心任务。本书重点围绕笔者及科研团队自2019年以来在畜牧业信息化和智能化领域中开展的牛身份识别和生长参数测量的研究工作,详细阐述计算机视觉和人工智能相关理论和技术在畜牧业精准化养殖中的应用。

1.1 牛身份识别方法的研究进展

近年来,射频识别技术(Radio Frequency Identification,RFID)和生物学度量(Biometrics)技术不断地应用于牛的信息化身份识别领域中。特别地,随着计算机视觉理论和技术的发展,基于计算机视觉的可视化生物学度量方法有力地推动了牛身份自动识别方法从接触式到非接触式、从非连续识别向连续、实时识别的发展。

1.1.1 射频识别技术

射频识别技术,如 RFID 耳标,属于接触式、非连续的识别方法,是当前牧场信息化管理、牛及其肉、奶产品追踪及溯源应用中最为广泛的牛个体身份识别手段。基于射频耳标的识别方法解决了养殖场牲畜信息化管理系统中个体档案、防疫档案及生长档案等建档和维护环节中的身份识别问题,也解决了畜牧产品溯源体系中生产及销售等环节的身份识别问题。

国内的研究团队利用射频识别技术在牛身份识别领域中开展了大量的理论和技术研究工作。河北农业大学钱东平教授团队研究了长距离射频识别系统中多标签冲突问题,设计了改进的二进制搜索防冲突算法并开发了 RFID 耳标和读写器识别奶牛身份。西北农林科技大学何东健教授团队提出了射频识别技术和无线传感器网络相结合的信息采集与传输方法,设计了包含养殖信息采集、传输和处理的完整奶牛养殖溯源系统。申光磊等研究人员利用射频识别技术和条码技术,搭建了包含养殖、屠宰、加工和销售全流程的肉牛产品溯源体系,为畜牧产品的质量和安全全流程信息化监管提供了可行的解决方案。

1.1.2 牛可视化生物学度量特征

可视化生物学度量特征(Visual Biometrics)利用牛本身的生物特性具有不变性、唯一性和操作成本低廉的特点。随着计算机视觉理论和技术的发展,可视化生物学度量特征逐渐成为该领域内身份识别的主要基准。

牛口鼻纹图像、虹膜图像以及视网膜血管分布模式图像,具有身份唯一性,在以往的研究中均被应用于牛身份识别,推动了可视化生物学度量特征在身份识别任务中的研究和应用,样本如图 1.1 所示。

中国西门塔尔和荷斯坦奶牛的外貌图像呈现两色融合形态,而且在牛的自然状态下采样便捷,可以作为精准化饲养中身份连续识别的生物学特征。牛外貌生物学特征包括牛脸图像、侧身图像、尾部尖端图像(Tailhead Images)以及背部图像(Dorsal Images),均被应用于牛个体身份识别,如图 1.2 所示。

笔者围绕牛身份识别任务,开展了基于牛脸图像、基于多视角图像的自然状态下识别算法研究。

针对牛脸识别任务,笔者采集并制作了牛脸识别数据集,开展了基于字典学习、深度度量学习的牛脸识别算法研究,提取了牛脸特征进而识别个体身份,为牧场信息管理、免疫防疫和金融保险提供身份勘验方法。

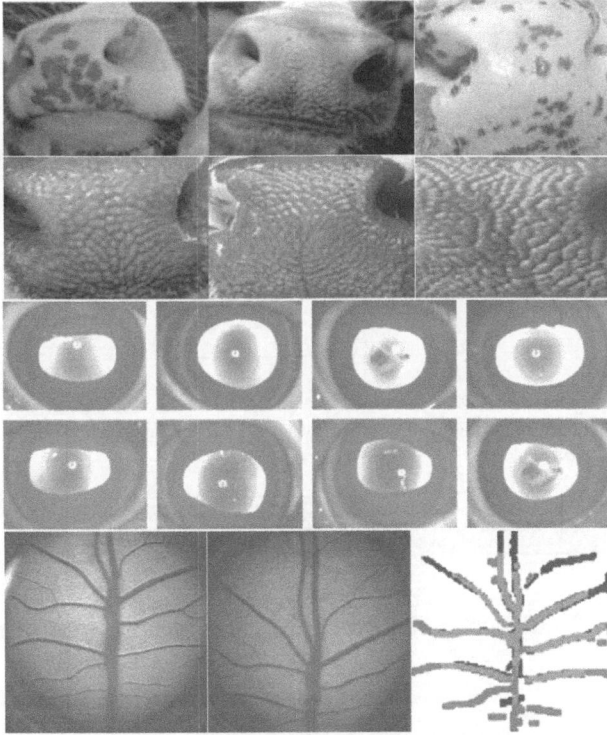

图 1.1　牛口鼻纹、虹膜、视网膜样本图像

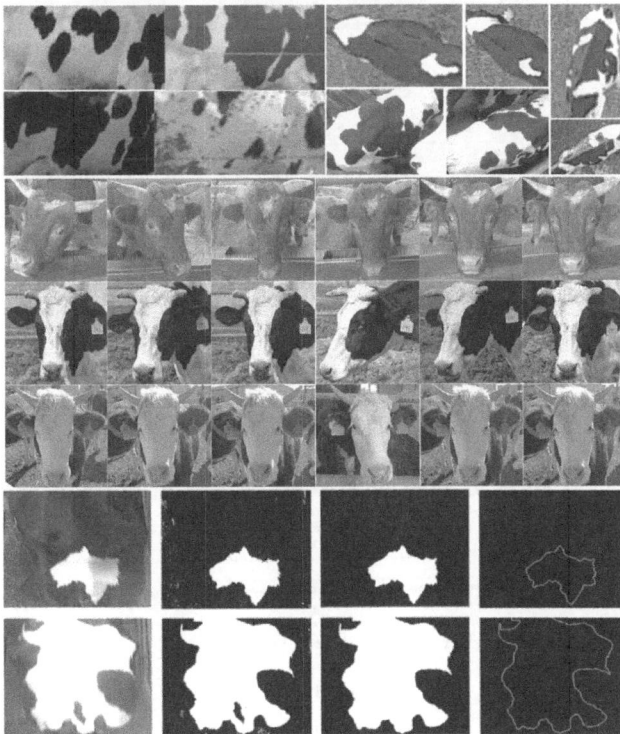

图 1.2　侧身、背部、牛脸及尾部尖端样本图像

采用自然状态下牛的多视角图像,一方面有助于在养殖环境中通过任一视角图像识别牛个体身份,进而实现牛个体连续追踪;另一方面也有利于通过自然状态图像获取牛的行为特征,为行为分析、生长监测及健康评估等其他精准化养殖环节提供相应的带身份标识的图像信息。笔者利用自然状态下牛的多视角图像制作了中国西门塔尔和荷斯坦奶牛身份识别数据集,样本如图1.3所示。在此基础上,笔者利用多视角图像开展了基于深度度量学习、无监督领域自适应学习的牛身份识别算法研究,尝试通过自然状态下任一视角图像识别牛的个体身份。

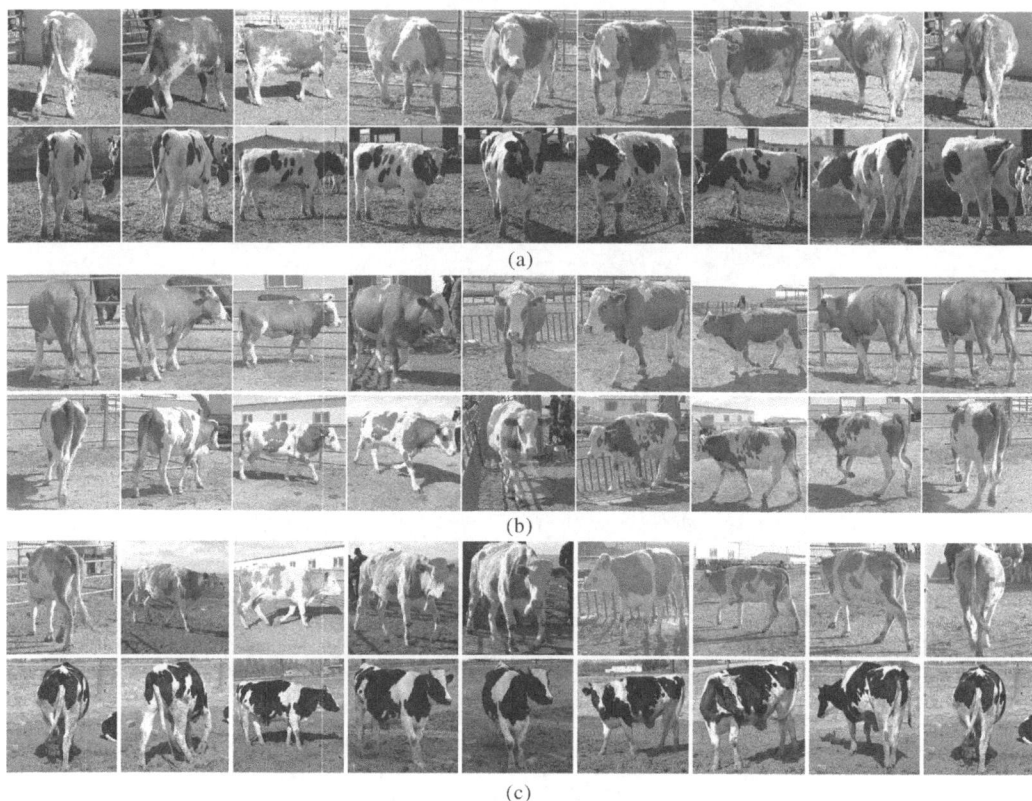

图 1.3　牛多视角图像

(a)MVCAID100 数据集;(b)CNSID100 数据集;(c)Cattle－2022 数据集

1.1.3　基于计算机视觉的牛身份识别算法研究进展

基于计算机视觉的牛身份识别方法得到了农业图像处理领域学者的广泛关注,牛口鼻纹图像、虹膜图像、视网膜血管分布模式图像和外貌图像均被用于牛身份识别研究。目前牛身份识别技术已从半自动识别阶段发展到自动识别阶段。

近年来,相关研究人员利用计算机视觉结合牛的可视化生物学度量特征,围绕牛身份识别开展了大量的研究工作,制作了一定数量的基于生物学度量的牛身份识别数据集。同时,他们也提出了相应的身份识别算法,不断推动了牛身份识别方法的研究和相关问题的解决。

研究人员在牛身份识别数据集规模及特征提取算法上的代表性贡献和成果分布如图 1.4 所示。

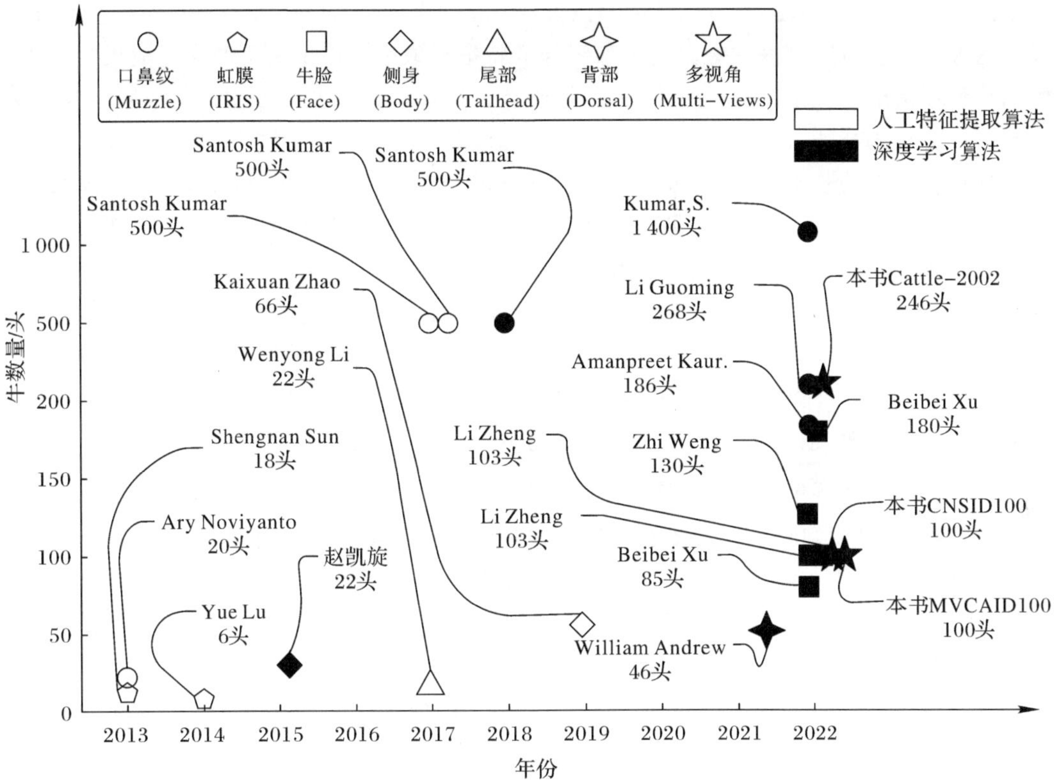

图 1.4　牛身份识别数据集规模及特征提取算法发展分布图

牛身份识别研究主要包含两大任务,即数据集制作和特征提取算法设计。从图 1.4 可以看出,在数据集规模上,基于可视化生物学度量的牛身份识别数据集在牛的数量、图像的数量上经历了从小规模逐步向中大规模发展的历程。在精准化养殖中,采样和图像获取的便捷性逐步成为生物学度量特征选取的重要标准,大规模及超大规模身份识别数据集制作也是目前研究人员面临的基础任务。

从计算机视觉算法上看,牛身份图像特征提取经历了从传统的人工特征提取算法到基于深度学习的特征提取算法的发展过程。近年来,随着深度学习在各种图像任务上取得的惊人成果,基于深度学习的牛身份识别方法成为目前研究的热点,是当前该领域内研究人员的首选方法,并将成为今后一段时期内的主要趋势。本节从基于传统计算机视觉的人工特征提取算法和基于深度学习的特征提取算法两个方面阐述牛身份识别算法研究的发展历程。

1.1.3.1　基于人工特征提取的传统算法

在早期的基于计算机视觉的牛身份识别研究中,传统的人工特征提取算法与机器学习中分类算法相结合的方法是研究人员采用的主要方法,推动了基于可视化生物学度量特征的身份识别理论和技术的发展。

在牛身份识别研究中采用的传统人工特征提取算法主要包含尺度不变特征变换

(Scale - Invariant Feature Transform,SIFT)、加速稳健特征(Speeded Up Robust Features,SURF)提取算法、Fisher 局部保留投影算法(Fisher Locality Preserving Projections,FLPP)、小波变换(Wavelet Transform)以及 Zernike 变换(Zernike Moments)算法等,在牛唇纹图像、虹膜图像、侧身图像以及尾部图像的特征提取中取得了大量的研究成果。在牛唇纹图像特征提取研究中,Santosh Kumar 等研究人员综合利用多种传统人工特征提取算法,构造了混合纹理特征(Hybrid Texture Features),在牛唇纹身份识别中取得了较好的效果。

在特征提取的基础上,研究人员结合机器学习相关的分类算法,对特征进行分类,主要包含闭集分类(Close - set)和开集分类(Open - set)两种类型。根据应用场景不同,闭集分类算法主要以支持向量机(Support Vector Machine,SVM)为主。开集分类器包含决策树(Decision Tree)、多层感知机(Multi - Layer Perceptron,MLP)、暴力匹配算法 BruteForce 以及 k 近邻分类器(k - Nearest Neighbour,k - NN)等多种机器学习分类算法。

以传统人工特征提取算法和机器学习分类算法相结合的识别方法,是牛身份识别中应用最多的识别框架,也影响了基于深度学习的牛身份识别算法。

1.1.3.2　基于深度学习的牛身份识别算法

近年来,深度学习理论和技术在计算机视觉的各项任务中取得了前所未有的突破性成果,极大地推动了人工智能在相关领域的研究和发展。与此同时,以深度卷积神经网络模型(Deep Convolutional Neural Networks,DCNNs)为代表的深度学习也受到了农业图像领域学者和专家的关注,将其应用于解决动物身份识别、行为检测、疾病监测以及养殖环境监控等畜牧业生产环节中的关键问题,并取得了一定的成果。其中动物身份识别和行为检测是该领域中研究人员重点关注的两个主要问题。

近年来,在牛身份识别领域基于深度学习的特征提取算法是牛唇纹识别、牛脸识别、侧身图像识别以及背部图像识别中采用的主流方法。在牛脸识别研究中,借鉴人脸识别深度学习算法,研究人员提出了 RetinaFace 和 ArcFace Loss 联合损失、小型化的 Light Weight 模型和 MobileNet 模型以及其他检测和识别多任务模型,均在牛脸识别应用中取得了较好的效果。

在真实养殖场景下牛的连续身份识别方法研究中,William Andrew 等研究者采用无人机或置顶相机采集荷斯坦奶牛背部图像(Dorsal Image)进行身份识别。William Andrew 等研究者针对牛身份识别的开集分类任务提出了 SoftMax 联合三元损失(SoftMax - based Reciprocal Triplet Loss)训练深度卷积神经网络模型提取图像特征,并结合目标检测算法,自动检测奶牛背部目标、识别奶牛身份。为进一步解决自然养殖场景下牛身份实时识别的问题,笔者提出了基于深度度量学习的牛身份识别方法,利用任一视角的图像识别牛的个体身份。

基于深度学习的牛身份识别方法分为模型训练和身份识别两个阶段。在训练阶段设计合理的特征提取模型网络结构和有效的损失函数,监督模型学习到有效的身份特征。在识别阶段利用特征提取模型提取特征,结合分类算法进行身份识别,训练和识别各阶段流程如图 1.5 所示。

从图 1.5 可以看出,特征提取模型的设计和训练是牛身份识别任务中的核心。其关键在于构造有效的监督机制,训练深度卷积神经网络模型获取具有可分辨性和可辨识性的特征空间,使得相同身份样本的特征之间距离较近,不同身份样本的特征之间的距离较远,以期得到较高的识别准确率。

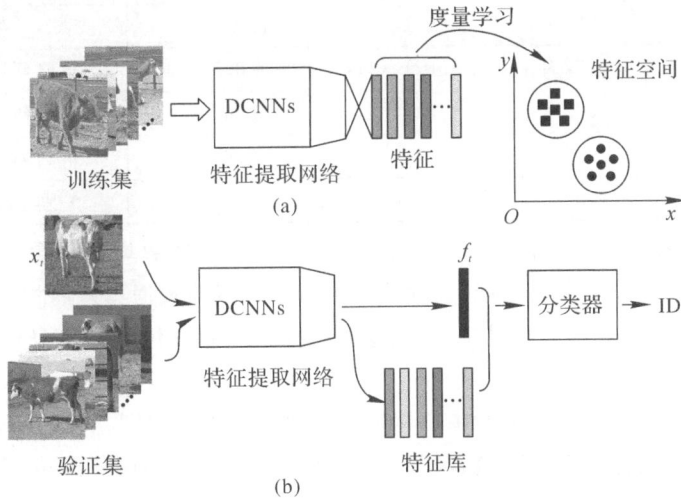

图 1.5 牛身份识别模型训练和测试框架
(a)训练阶段;(b)测试阶段

以数据驱动的深度学习算法研究需要有大规模的数据集作为支撑。随着计算机视觉在牛身份识别中的发展,在数据集制作任务中该领域的研究人员做了大量的基础性工作,制作了相应部位的牛身份识别数据集。数据集中包含牛口鼻纹图像数据集、虹膜图像数据集、视网膜图像数据集和外貌图像数据集等。其中代表性数据集的详细信息见表 1.1。

表 1.1 牛身份识别数据集

作 者	时 间	个体数	图像/张	部 位
Allen 等	2008 年	869	1 738	视网膜图像(Retina)
Sun 等	2013 年	18	90	虹膜图像(Iris)
Lu 等	2014 年	6	60	虹膜图像(Iris)
赵凯旋等	2015 年	30	360 段视频	荷斯坦奶牛侧身图像
Kumar 等	2017 年	500	5 000	口鼻纹图像(Muzzle)
Li 等	2017 年	22	1 965	尾部尖端图像(Tailhead)
Zhao 等	2019 年	66		荷斯坦奶牛侧身图像
OpenCows2020	2021 年	46	4736	背部图像(Dorsal)
Xu 等	2021 年	85	3 000	牛脸图像
Kaur 等	2022 年	186	930	口鼻纹图像(Muzzle)
Kumar 等	2022 年	1 400	14 000	口鼻纹图像(Muzzle)
Li 等	2022 年	268	4 923	口鼻纹图像(Muzzle)
Weng 等	2022 年	130		牛脸图像
Xu 等	2022 年	180	4 636	牛脸图像

续表

作　者	时　间	个体数	图像/张	部　位
Zheng 等	2022 年	103	10 239	牛脸图像
MVCAID100	2022 年	100	4 073	自然环境下多视角图像
CNSID100	2022 年	100	11 635	自然环境下多视角图像
Cattle‑2022	2022 年	246	10 076	自然环境下多视角图像
S. Ahmet 等	2024 年	300	2 430	视网膜图像(Retina)

从表 1.1 可以看出,在近年来的研究中牛身份识别图像数据集包含了牛的多个部位图像,数据集规模也逐步增大。然而,与深度学习其他领域的数据集发展相比,在牛的品种、数量及图像数量上均处于中小规模水平,大规模数据集的制作仍然是牛身份识别研究的基础性工作。

综上所述,为解决精准畜牧业中自然环境下牛身份连续识别存在的图像采样难、视角单一以及特征提取难度大的问题,笔者利用自然状态下牛多视角图像研究了基于深度度量学习的牛个体身份识别方法。这些方法为精准化养殖生产中牛身份连续在线识别提供了有效的手段,有助于推动解决精准畜牧业中牛的个体追踪、生长参数测量、行为分析以及健康监测等生产环节的身份识别难题。

1.2　牛生长参数测量技术的应用进展

牛的生长参数信息包括体高、体长、体斜长、胸围、腹围及体重数据,是精准养殖、科学育种和活牛信息化交易的核心参考。目前牛的生长参数测量方法仍然以人工测量为主,牛应激反应强、测量劳动强度大及测量效率低,导致牛的生长信息采集能力弱,造成生产及交易各环节牛的生长参数不足,各个环节之间存在数据壁垒,因此畜牧业数字生产能力和数字赋能能力弱。

牛的生长参数测量方法目前包括手工测量法和非接触式测量法。其中传统的手工测量方法采用卷尺、皮尺或杖尺,由养殖人员手动测量相应的生长参数。测量现场如图 1.6 所示。

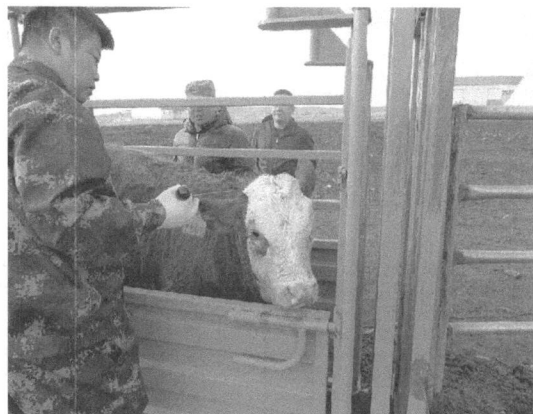

图 1.6　手动测量

手动测量属于接触式测量,测量时需要测量人员与牛近距离接触,容易引起牛的应激反应,测量难度大、测量效率低,而且受实际操作的影响,测量结果的一致性较差。近年来,随着计算机视觉理论和技术的发展,利用机器视觉对家畜进行非接触式测量已经取得了许多研究成果,主要可分为基于二维图像处理的测量方法和基于三维重建的测量方法。

在基于二维图像的测量方法中,早在 20 世纪 80 年代,国外研究人员就已经开始研究基于图像处理的方法评估奶牛体型数据。在国内,1996 年,陈顺三等研究人员开发了基于计算机视觉的奶牛体线型测量系统,较早地利用计算机视觉测量牛的体型数据。黄君冉等研究人员于 2005 年开发了基于二维图像的牛体体型自动化评定系统,基于图像分割技术提取牛体的轮廓进而获取关键点,计算牛体的生长参数。2009 年,陆文婷等研究人员针对复杂背景下牛体检测困难的问题,采用贝叶斯分类器和改进大津算法分离牛体和背景,在牛体目标分割中取得了一定的效果。2017 年,赵凯旋等研究人员使用背景差分法测量了牛的体型参数。2018 年,常海天针对测量环境背景复杂的问题,利用差值图像的特征和图像灰度值统计优化阈值分割算法分割牛体轮廓,进而提取测量点并采用空间分辨率法测量牛的生长参数。

近年来,研究人员在基于三维图像的牛生长参数测量方法研究中做了大量研究工作,并取得了一定的成果。2017 年,西北农林科技大学的赵凯旋等研究人员利用三维摄像机提取深度图像,在深度图像上分割奶牛目标区域测量牛的体型、体况。K. Kawasue 等研究人员使用 3 台 Kinect 摄像机,实现了奶牛的点云数据采集,并对奶牛的体高、胸围等生长参数进行了测量。2018 年,牛金玉等研究人员利用 Kinect 传感器获取牛体点云数据,提出改进 3次 B 样条曲线的点云缺失修复方法,获取了奶牛的三维点云数据,结合奶牛身体几何特征测量生长参数。Huang Lvwen 等研究人员基于光探测测距(LiDAR)传感器捕捉活牛原始点数据,利用双向随机 K - D 树的快速迭代最近点匹配和贪婪投影三角剖分重建牛体并测量牛生长参数。2020 年,B. M. Martins 等研究人员使用两个深度摄像机来估计奶牛的生长参数。2023 年,Li Jiawen 等研究人员使用点云相机获取牛完整点云图像并基于姿态估计算法测量奶牛生长参数。

在牛、羊生长参数测量任务研究中,笔者及科研团队于 2015 年使用 Kinect 传感器采集羊的深度图像,融合彩色-深度图像分割羊体轮廓,进而利用最大 U 弦长曲率搜索法提取羊体生长测点测量羊生长参数。2021 年,笔者提出了基于 Mask Rcnn 目标分割算法,提取牛侧身轮廓,测量牛的体高、体长和体斜长数据。2022 年,笔者提出了基于 Kinect V2 和基于双目深度估计的牛生长参数测量方法测量牛的生长参数,该方法达到一定的准确率。2023年,笔者提出了基于多机位相机的牛生长参数测量方法,利用背部和侧身相机融合配准来测量牛的体高、体长、体斜长及胸围和腹围等生长参数,取得了较好的效果。该测量系统完成了大量的实际测试,笔者及科研团队将进一步完善、优化该系统,并逐步推广到牧场生产中。

总体来说,基于单视角相机的测量方法存在单一透视的缺陷,只能测量牛体的单侧生长参数,如体高、体长、体斜长等,该方法无法获得胸围、腹围等生长参数。三维重建技术的引入弥补了单视角相机的不足。然而,三维重建方法通常需要深度相机、激光扫描仪或其他专用图像采集设备,对于测量现场的环境要求较为严格和苛刻。在真实农场的复杂环境中,往往面临牧场背景、照明条件多变,三维成像设备安装和调试烦琐等问题,基于三维成像的测量方法在当前的条件下实际应用的难度仍然较大。

1.3   本书章节安排

本书共分为 5 章,其中:

第 1 章为绪论。

第 2 章为自然状态下的牛身份识别方法,详细阐述基于深度度量学习的识别方法和基于无监督学习的识别方法。

第 3 章为牛脸识别方法,详细阐述基于字典学习的牛脸识别算法和基于深度度量学习的牛脸识别算法。

第 4 章为牛生长参数测量方法,详细阐述基于单目相机、深度相机、双目相机和多机位相机的牛生长参数测量方法。

第 5 章预测精准畜牧业相关技术的发展前景。

第 2 章　自然状态下的牛身份识别方法

自然养殖环境下牛身份识别可以为精准畜牧业生产的各个环节提供实时、连续的身份信息,是实现牛个体自动追踪的前提条件,有助于推动以个体追踪为基础的行为分析、异常行为监测、生长参数测量以及个体健康状态监测等各个具体环节的实施和部署。

中国西门塔尔的皮肤呈现黄色或褐色与白色两色交融的形态,荷斯坦奶牛的皮肤颜色呈现白色和黑色两色交融的形态,其颜色分布模式均服从图灵反射-融合机理,具有唯一性的特征。利用牛多视角图像有助于通过自然环境下牛的任一视角图像识别个体身份,而且图像采样便捷,符合精准化养殖生产中牛个体在线识别和追踪的应用要求,是精准畜牧业牛养殖环节中较为理想的可视化生物学身份度量标准。然而,在自然状态下,牛的多视角图像随着其视角、姿态、背景和光线等条件的变化,呈现出较大的类内差距和较高的类间相似度,不利于特征提取,为特征提取算法的设计带来极大的难度。牛多视角图像分布特点如图2.1所示。

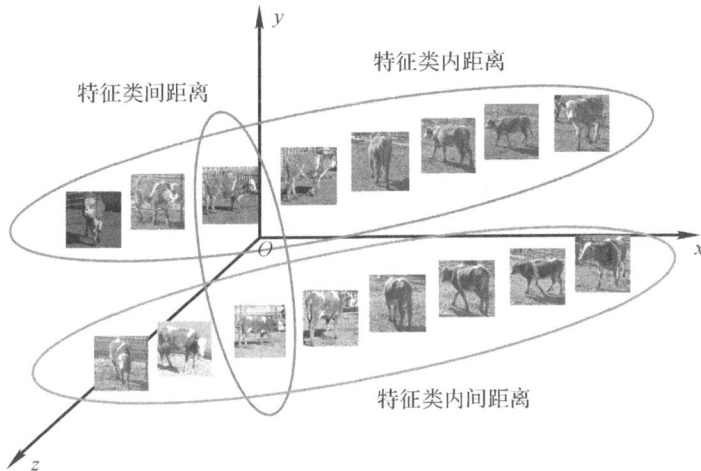

图 2.1　牛多视角图像分布特点

从图 2.1 中可以看出,在相同成像条件下,比如在相同的视角下,属于不同个体的样本特征之间的距离小于不同成像条件下同类样本特征之间的距离,即造成"样本特征的类间距离小于类内距离"的不良分布。这为图像特征的提取带来一定的难度和挑战。

此外,在真实养殖场景中,牧场规模、牛的数量以及监控对象都在不断发生动态变化。在牛身份识别中,一方面不可能预先获取所有可能的个体图像进行模型训练;另一方面,若采用闭集分类任务(Close-set)下的深度卷积神经网络模型识别框架,在模型部署之后,当日常生产中出现养殖规模或监控个体发生变化时需要重新训练模型。这为牛身份识别方法的实际应用带来不便,极大地影响了其在真实畜牧业生产中的部署和维护。

针对上述问题,笔者研究了基于深度度量学习的牛身份识别方法,构造有效的监督机制,训练深度卷积神经网络模型,学习目标空间的特征聚类能力。目标特征空间中要求异类样本特征的聚类之间要保持一定的边界间隔,保证特征分布的可分辨性;同时同类样本特征分布要相对紧凑,确保特征分布的可辨识性。在学习到较高分辨性和辨识性的特征空间的基础上,构造融合目标检测、特征提取和开集分类为一体的多目标身份识别框架,在牧场规模和牛的数量等动态变化下无须重新训练模型,便于算法在实际养殖生产中的部署和应用。

完全监督学习机制过分依赖图像的标注信息,在实际应用中牛身份标定劳动强度大,而且需要专业养殖人员辅助,标注难度大。针对这一问题,笔者提出了无监督领域自适应识别方法,将已知标签源域数据集上的学习能力迁移到不同场景下无标签的目标域数据集上,进而优化目标特征空间的分布。领域自适应方法可以有效减少模型训练对于标签的依赖,适用于真实畜牧业生产中不同养殖场景下更为广泛的无标签牛身份识别任务。

本章将从自然环境下牛多视角图像的分布特点以及精准化养殖中牛身份识别的应用需求出发,总结现有的深度度量学习的基本原理,分析其在自然状态下牛身份识别任务中存在的局限性,并在此基础上给出相应的解决方案。

2.1 基于深度度量学习的多视角牛身份识别方法

2.1.1 深度度量学习

深度卷积神经网络模型直接从原始数据中学习特征分布,在计算机视觉领域的各项任务中,均取得了举世瞩目的突破性成果。

给定样本 x_i,深度卷积神经网络模型提取的特征 f_i 可以表示为

$$f_i = F(x_i; \theta) \tag{2.1}$$

式中:$F(\cdot)$——深度卷积神经网络模型;

θ——模型参数。

深度度量学习是深度学习的重要任务之一,其通过构造有效的损失函数训练深度卷积神经网络模型,以学习良好的特征聚类性能,进而使得特征空间的特征分布具有可分辨性和可辨识性,即同类样本特征之间的距离小于不同种类样本特征之间的距离。其优化目标为

$$d(f_i^a, f_i^p) + \Delta \leqslant d(f_i, f_j) \tag{2.2}$$

式中: f_i^a——数据集任意样本的特征;

f_i^p、f_j——f_i^a 同类的样本特征和异类样本特征;

Δ——边界余量;

$d(f_i, f_j)$——两个特征点 f_i 和 f_j 之间的度量距离,一般采用欧氏距离。

其学习目标为保证特征空间分布的可分辨性,即不同类的样本聚类之间要保持较大的距离,同时具有一定的可辨识性,即同类样本特征距离足够小,进而提高特征的可识别性能。

近年来,深度度量学习在损失函数的设计中主要包含两种主流方法:一种是样本级的度量学习方法,即直接利用样本和其正例、负例样本间的度量约束构造监督机制,以对比损失(Contrasitive Loss)和三元损失(Triplet Loss)为主要代表;另一种是基于类代理中心的度量学习方法,即利用样本和正、负类代理中心的度量约束训练模型来提高模型学习效率。这两种方法均在人脸识别和图像检索等相关任务中取得了较好的效果。

2.1.1.1　样本级度量学习

三元损失(Triplet Loss)是典型的样本级深度度量学习方法。其以特征分布中同类样本的距离小于不同种类样本的距离为学习目标,通过构造三元组直接惩罚类间距离小于类内距离的样本,监督训练深度卷积神经网络模型,学习到具有可分辨性和可辨识性的特征分布。

三元损失函数表示为

$$\ell_{\text{Triplet}} = \sum \max\{0, d(f_i^a, f_i^p) - d(f_i^a, f_j) + \Delta\}, \forall (f_i^a, f_i^p, f_j) \in \mathbb{T} \qquad (2.3)$$

式中:(f_i^a, f_i^p, f_j)——三元组;

　　　f_i^a——锚样本;

　　　f_i^p、f_j——f_i^a同类的样本特征和异类样本特征;

　　　Δ——边界余量,保证聚类具有一定的可分辨性;

　　　$\mathbb{T}$——数据集中所有可能的三元组集合。

Florian Schroff 等研究人员提出了基于 Triplet Loss 的 FaceNet 方法,该方法在人脸识别任务中取得了开拓性的成果。在牛身份识别任务中,William Andrew 等研究人员利用三元损失结合 SoftMax 分类损失函数,训练模型提取牛背部图像特征进行身份识别,也取得了一定的成果。

然而,从特征空间的分布考量,三元损失可以保证异类特征聚类之间保持一定的间隔,但是对于同类样本特征聚类的致密性缺少直接约束。在模型训练阶段,三元损失采用难负例样本挖掘策略提高学习效率,但对于难正例样本监督不够,也就是说,缺乏直接和有效的难正例样本挖掘和监督策略。因此三元损失对于类内样本特征点的分布紧凑性缺乏直接和有效的约束,如图 2.2 所示。

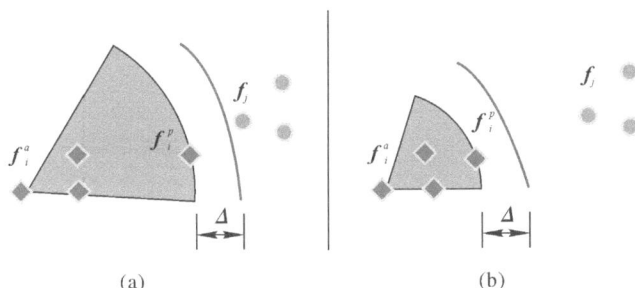

图 2.2　宽松分布和紧致分布

(a)宽松聚类;(b)紧致聚类

从图 2.2 中可以看出,当缺乏有效的难正例样本监督能力时极易出现离群样本点 f_i^p,造成图 2.2(a)中的宽松分布,不利于特征辨识。加强对难正例样本信息的学习能力,可以避免得到离群点,学习较为紧凑的聚类,如图 2.2(b)中所示,其可分辨性和可辨识性明显优于宽松的聚类[见图 2.2(a)]。

由此得出,三元损失函数在特征空间分布优化上重点关注不同类别聚类边界上的难负例样本特征点,对于难正例样本缺乏直接有效的监督能力,易出现离群样本点,形成宽松聚类。针对这一问题,笔者提出了紧致损失函数,结合 SoftMax 分类损失、三元损失和致密损失联合监督训练特征提取模型,针对性地提高难正例样本的学习效果,进一步压缩类内特征之间的距离,改善分布形态。

2.1.1.2　代理级度量学习

在三元损失函数中,如果训练集每类样本平均数为 n,那么三元组集合 $\mathbb{T}$ 的数量级规模为 $O(n^3)$。因此在大规模数据集识别任务中,穷举所有可能的三元组,会造成数据量大、有效信息比例小以及学习效率低的问题。另外,为方便采样,一般在训练中利用相应的采样策略在(Batch)内的样本中动态构造三元组。因此,批次的大小直接限制了三元组的构造范围,增加了模型局部最优的可能性,进而影响了全局最优解的学习。

为解决上述问题,Yair 等研究人员提出了独立类代理学习方法 Proxy-NCA,单独学习各类的特征代理(Proxy),由样本和相关类代理构成三元组,训练特征提取模型,在人脸识别任务中取得了较好的成果。Proxy-NCA++ 在 Proxy-NCA 的基础上,从训练方法上做了一系列优化和改进,进一步提高了代理学习的性能。更进一步地,Proxy Anchor 既利用了数据和类代理的距离约束,又充分利用了数据和数据间的距离约束,最大限度地学习训练集中的度量信息,优化了特征分布,提高了收敛速度和学习性能。然而,Proxy-NCA算法中,由于类代理向量是在训练过程中单独学习,类代理的学习效果直接影响了模型的整体学习效率和训练稳定性。

近年来,用于图像分类任务的交叉熵损失函数 SoftMax 受到了该领域研究人员的关注。基于 SoftMax 损失函数的方法在深度度量学习的相关任务中取得了令人瞩目的研究成果。

给定数据集样本总数 N、类别数 N_C,SoftMax 损失的基本形式定义为

$$\ell_{\text{SoftMax}} = -\frac{1}{N}\sum_{i=1}^{N}\log\frac{\exp(f_i^{\mathrm{T}}\boldsymbol{w}_{y_i}+b_{y_i})}{\sum\limits_{j=1}^{N_C}\exp(\boldsymbol{f}_i^{\mathrm{T}}\boldsymbol{w}_j+b_j)} \tag{2.4}$$

式中:w_j——分类器权重。

注:书中式子中 log 的底数缺省,一般为 e 或 2 都可以。

在权重 w_j 和特征 $\boldsymbol{f}_i$ 归一化后,归一化权重 $\hat{\boldsymbol{w}}_j$ 和特征 $\hat{\boldsymbol{f}}_i$ 的内积转化成二者的余弦相似度:

$$s(\hat{\boldsymbol{f}}_i,\hat{\boldsymbol{w}}_j)=\hat{\boldsymbol{f}}_i^{\mathrm{T}}\hat{\boldsymbol{w}}_j \tag{2.5}$$

这种条件下,在特征、权重归一化投影到超球面上后,权重 $\hat{w}_j$ 即可以视为类内特征代理中心。此时 SoftMax 分类损失函数的优化目标转变为最大化样本特征和其相应的类代理中心的余弦相似度。在其监督下模型学习到的特征在超球面上不断向类代理靠拢,形成有效聚类。

根据这一发现,研究人员陆续提出 SpereFace、CosFace 和 ArcFace,在人脸识别任务中,不断提升了模型性能。Liu 等研究人员在 SpereFace 提出的 A－SoftMax 损失函数,其基本原理如下:

$$\ell_{\text{A-SoftMax}} = -\frac{1}{N}\sum_{i=1}^{N}\log\frac{\exp[\,\|\,f_i\,\|\,\varphi(\theta_{y_i,i})\,]}{\exp[\,\|\,f_i\,\|\,\varphi(\theta_{y_i,i})\,]+\sum\limits_{j\neq y_i}^{N_C}\exp[\,\|\,f_i\,\|\,\varphi(\theta_{j,i})\,]} \tag{2.6}$$

$$\varphi(\theta_{y_i,i}) = (-1)^k\cos(\Delta_s\theta_{y_i,i})-2k$$

$$\theta_{y_i,i}\in\left[\frac{k\pi}{\Delta_s},\frac{(k+1)\pi}{\Delta_s}\right]$$

式中:$\theta_{y_i,i}$——f_i 与其所在类别中心权重 w_{y_i} 的夹角。

$$k\in[0,\Delta_s-1]\quad(\Delta_s\geqslant 1,\text{取整数})$$

式中:k——特征分布角度控制系数。

A－SoftMax 通过 Δ_s 在不同种类特征间提供 $(\Delta_s-1)\theta_{y_i,i}/(\Delta_s+1)$ 的角度边界余量。利用该角度边界余量调整超球面上以本类代理为中心形成的扇形特征分布区域的夹角,加强特征点在超球面上的聚类紧凑性,进而达到提高识别准确率的目的。

与 SphereFace 的思路相似,Wang 等研究人员在 CosFace 中提出宽松余弦相似度余量损失,基本方法为

$$\ell_{\text{lmc}} = -\frac{1}{N}\sum_{i=1}^{N}\log\frac{\exp\{r_c[\cos(\theta_{y_i,i})-\Delta_c]\}}{\exp\{r_c[\cos(\theta_{y_i,i})-\Delta_c]\}+\sum\limits_{j\neq y_i}^{N_C}\exp\{r_c[\cos(\theta_{j,i})]\}} \tag{2.7}$$

式中:Δ_c——相似度边界余量,直接利用余弦相似度度量对比损失,控制超球面相邻聚类之间的相似度边界;

　　　r_c——超球面投影半径。

不同于 SpereFace,CosFace 通过设定投影半径 r_c,将特征投影到固定的超球面上。

Deng 等研究人员在 ArcFace 中直接增加角度边界余量,加大不同类特征在超球面上投影之间的角度距离,损失函数表示为

$$\ell_{\text{arcface}} = -\frac{1}{N}\sum_{i=1}^{N}\log\frac{\exp\{r_a[\cos(\theta_{y_i,i})+\Delta_a]\}}{\exp\{r_a[\cos(\theta_{y_i,i})+\Delta_a]\}+\sum\limits_{j\neq y_i}^{N_C}\exp\{r_a\cos(\theta_{j,i})\}} \tag{2.8}$$

式中:Δ_a——特征与类代理的角度和特征与异类代理的角度之间的角度边界余量;

　　　r_a——超球面投影半径。

从式(2.8)中可以看出,ArcFace 在样本特征和其对应的类代理中心间增加角度边界量的基础上来计算 SoftMax 中的逻辑分类值,进而求解损失,即其通过直接保证样本特征与正类代理的角度和特征与异类代理的角度边界余量 Δ_a,来提高特征分布的可分辨性,优化目标空间。经过 10 多个人脸识别数据集的综合对比验证,ArcFace 取得了最好的人脸识别效果。

尽管如此,上述基于类代理的度量学习方法中,每个类别只学习一个代理作为类中心,通过样本和代理的距离约束学习特征分布。然而,自然图像尤其是本书的牛多视角图像中,随着视角和姿态等的变化图像会呈现多个类内聚类中心。针对这一问题,Softtriple Loss 提出多中心 SoftMax,通过为每个类别提供多个聚类中心来缩小类内差距,在深度度量学习任务中取得了较好的效果。考虑到 Softtriple Loss 学习到的多类内中心缺少层级关系,Hierarchical Proxy–based Loss 学习类内中心的隐性层级语义信息,一方面学习细粒度的类别代理,另一方面通过细粒度代理聚类生成大类代理,通过分层的代理度量约束监督模型学习数据间的层级类别关系信息,提高模型性能。

此外,Npt–loss 利用 SoftMax 学习类别特征中心,采用样本和同类中心、K 最近邻负代理中心构造三元组,联合训练深度卷积神经网络模型,提高了学习效率,在深度度量学习任务中也获得了较高的准确率。

在上述研究成果的启发下,结合自然环境下牛多视角图像存在的多类内聚类中心的分布特点,笔者提出了基于多中心代理损失的牛身份识别方法,为特征学习多个类内局部聚类中心,同时利用 K 最近邻代理构造三元组求解代理级三元损失训练特征提取模型,提高特征分布的可分辨性和可辨识性。

2.1.1.3 基于检索序列排序优化的度量学习

图像检索是计算机视觉领域的重要任务之一,其核心目标是学习给定查询样本在检索集中检索出的目标图像的正确排序。其原理如图 2.3 所示。

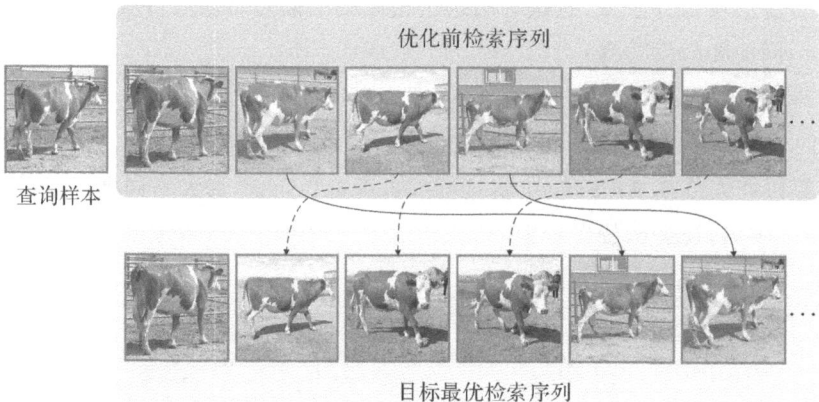

图 2.3　图像检索序列排序优化

由图 2.3 可以看出,通过学习样本检索序列正确的排序信息,优化检索序列排序,可以将检索序列中的异类难负例样本移出正样本序列。它既保证了较高的检索性能指标平均精度(Average Pricesion,AP),又提高了同类样本特征聚类的纯度,提升了聚类性能,进而有效地改善了特征空间的分布。

随着深度卷积神经网络模型的发展,基于深度学习的图像检索方法得到了研究人员的关注。近年来,研究人员利用基于度量学习的方法在图像检索任务中做了较为有益的尝试,主要包括对比损失和三元损失函数。这些方法通过构造图像对或者三元组,直接利用不同类样本间的边界间隔余量约束特征分布,使得特征空间中同类样本靠近、异类样本远离,进而获得一定的检索能力,提高检索序列的准确性,并在人脸识别等相关任务中取得了较好的效果。

平均精度(AP)是衡量图像检索任务性能的重要指标。然而,其计算中包含不可导的排序环节,无法直接基于平均精度构造损失并应用于依赖梯度反向传播算法进行模型优化的监督学习中。

针对这一问题,研究人员提出了微分直方图分选近似(Differential Histogram Binning Approximation)的方法,应用于图像检索任务中,取得了一定的成果。此外,深度长短期记忆网络模型(Long Short - Term Memory,LSTM)也被用于基于排序的不同任务中,如跨模态文本-图像检索、多标签图像分类和视觉记忆性等,均取得了较好的性能表现。其他方法(例如基于错误驱动学习法和黑箱微分排序优化法等)不仅在图像检索任务中取得了好的效果,而且在目标检测任务中也获得了较好的性能。

牛津大学视觉几何组(Visual Geometry Group,VGG)的 Andrew Brown 等研究人员提出了平滑平均精度损失(Smooth - AP),给出了目前最为接近平均精度计算的可微分表示形式。该方法直接以提高平均精度指标为目标,通过梯度反向传播优化深度卷积神经网络模型,学习样本检索序列内部的正确排序,在图像检索任务中取得了非常好的效果。

鉴于自然环境下牛多视角图像存在多个类内中心、聚类内部存在异类特征点的问题,笔者结合多中心代理表征和平均精度损失联合监督训练深度卷积神经网络模型。该方法促进模型学习检索样本排序信息,移出异类负例样本特征点,改善聚类纯度,进而全面提高模型的检索性能、聚类性能和识别性能。

2.1.2　基于紧致损失的识别方法

从图 2.1 牛多视角图像分布特点中可以看出,在自然环境下同一头牛的多视角图像随其视角、姿态、背景和光线等条件的变化呈现出较大的类内差距。而在相同的成像条件下,比如在相同视角下,不同牛的图像之间又呈现出较高的类间相似度。牛多视角图像"类内特征距离大、类间特征距离小"的分布特点,为特征提取模型的设计带来一定的难度和挑战。另外,深度学习闭集分类任务学习框架在牧场规模发生动态变化时,需要重新训练模型,不适于真实的牧场生产环境。

针对上述问题,本节提出基于紧致损失函数的深度度量学习方法,利用无偏置 SoftMax 损失、三元损失和致密损失联合监督训练深度卷积神经网络模型。首先,通过分析 SoftMax 函数中前一层的全连接层偏置项对特征分布的影响,提出无偏置 SoftMax 损失,利用特征和权重的点乘重构 SoftMax 函数,生成标准线性可分特征分布,解决特征归一化后在投影超球面上的重叠现象。其次,鉴于三元损失缺乏对特征聚类紧凑性的直接和有效监督,提出致密损失,联合改进 SoftMax 和三元损失监督训练模型,不断缩小类内特征的分布距离,提高聚类性能。

在训练阶段,利用紧致损失函数监督训练模型,针对性地增大不同类特征之间的距离,保证其在投影超平面具有较好的可分辨性。同时,缩小类内特征之间的距离,确保特征分布的可辨识性,进而达到提高识别准确率的目的。

在模型测试阶段,本节给出特征提取和分类算法相结合的身份识别框架,利用训练好的深度卷积神经网络模型提取图像特征,提取到的特征通过 k - NN 分类器分类来识别个体身份。该算法框架为开集分类框架,在解决了在模型部署后,当识别目标发生变化时闭集分类框架需要重新训练模型的问题,适应于牧场规模、牛群数量及监控对象不断动态变化条件下的应用场景,极大地方便了模型在精准畜牧业生产中的部署和维护。

此外,针对目前自然环境下牛身份识别研究中缺少基础数据的问题,在合作牧场采集了中国西门塔尔牛和荷斯坦奶牛自然状态下的多视角图像,完成了牛个体身份标定工作,制作了牛多视角图像身份识别数据集 MVCAID100 和真实场景下验证数据集 MVCAIDRE。在 MVCAID100 数据集上训练特征提取模型,进行了 m 重交叉验证实验,并在 MVCAIDRE 验证集上验证了算法在接近真实养殖场景下的适应性能。

2.1.2.1　数据集制作

1. MVCAID100 数据集

在基于可视化生物学度量的牛身份识别研究中,口鼻纹、虹膜以及视网膜图像采样要求高,只能在特定条件下进行采样,适用于牛产品溯源和金融保险中身份勘察等静态识别场景。在精准畜牧业牛养殖生产过程中,图像采集便利,即能在牛的自然状态下采集图像并进行身份连续识别,是解决精准化饲养身份识别可行性问题的关键,是推动牛的行为分析、生长参数自动检测及牛健康评估等环节的必要前提。

英国布里斯托大学的 William Andrew 等研究人员利用无人机或置顶相机采集 Holstein - Friesian 奶牛背部图像,制作了 OpenCows2020 数据集,包含 46 头牛、4 736 张图像。William Andrew 利用奶牛背部图像识别牛个体身份,在 10% 开集率(即数据集中 10% 的牛不参与模型训练和参数调试)条件下取得了 99.8% 的准确率。本节也将奶牛背部图像数据集 OpenCows2020 作为基准,用于对比验证基于紧致损失的识别方法的性能。

在精准畜牧业牛养殖生产中,利用无人机实时监控在应用中受到一定的限制。垂直置顶相机视角有限,且正上方图像虽然有助于解决遮挡问题,但不利于需要获取全局图像的应用场景,如行为分析和生长参数监测等。这些不利因素均为后续精准化养殖中的其他监测环节的实施和应用带来一定的制约。为进一步贴近实际生产、推动中小型牧场精准化养殖中自然环境下牛身份识别问题的解决,本节制作多视角图像牛身份识别数据集MVCAID100。MVCAID100 数据集包含中国西门塔尔牛和荷斯坦奶牛共计 100 头,牛自然状态下多个视角图像共计 4 073 张。其中,每头牛平均 40 余张图像,并至少含有前、后、左、右四个视角中的三个不同视角的图像。这有助于通过自然环境下任意一个视角图像来识别牛的个体身份,适应于牛精准化饲养各个生产环节中牛身份的实时、连续和在线识别的基本要求。MVCAID100 数据集中部分样本如图 2.4 所示。

从图 2.4 中可以看出,牛多视角外貌特征随着牛视角改变变化非常大,但在相同视角下不同牛的图像特征差距又较小,这均为特征提取模型的设计和训练带来难度。

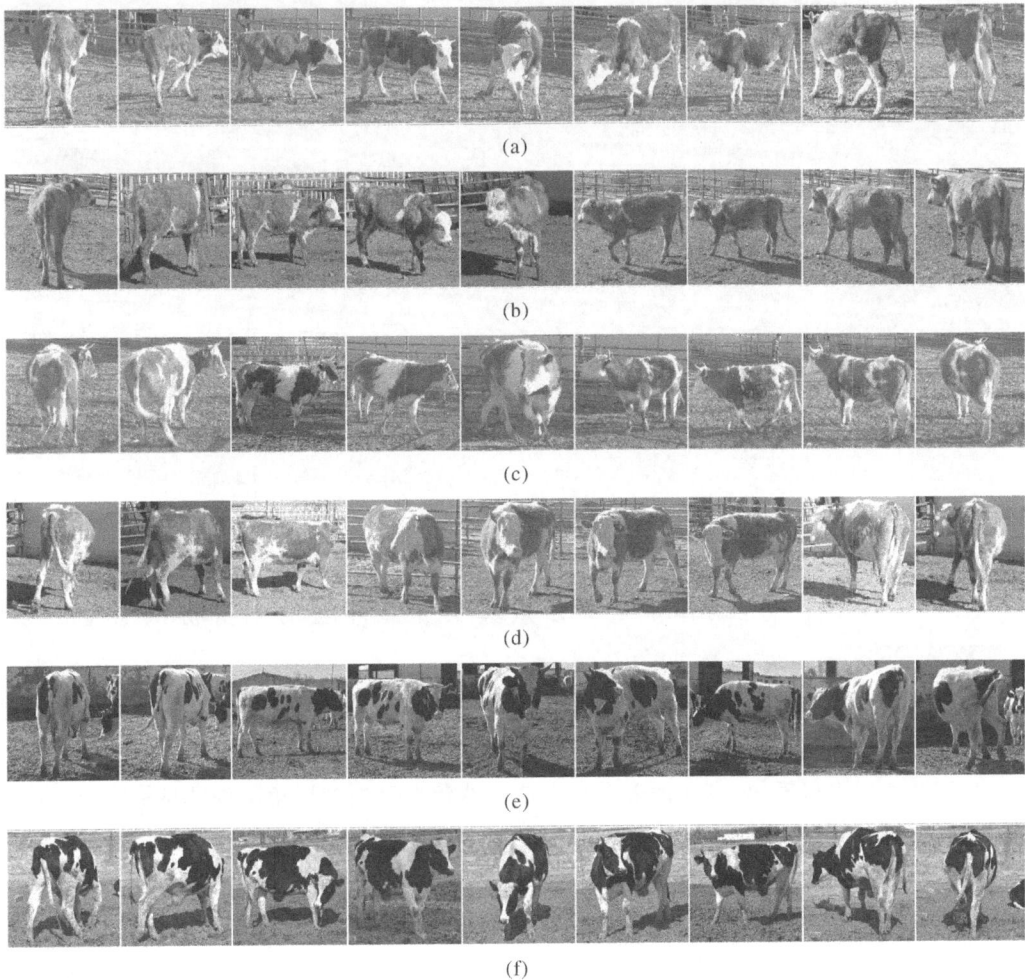

图 2.4　MVCAID100 数据集图像

(a)190000142;(b)190000132;(c)190000160;(d)190000182;(e)200200003;(f)200200155

2. MVCAIDRE 数据集

为测试模型在真实养殖环境下的适用性能,作为 MVCAID100 数据集的补充验证,笔者从合作牧场获取 285 张现场图像制作验证集,场景如图 2.5 所示。

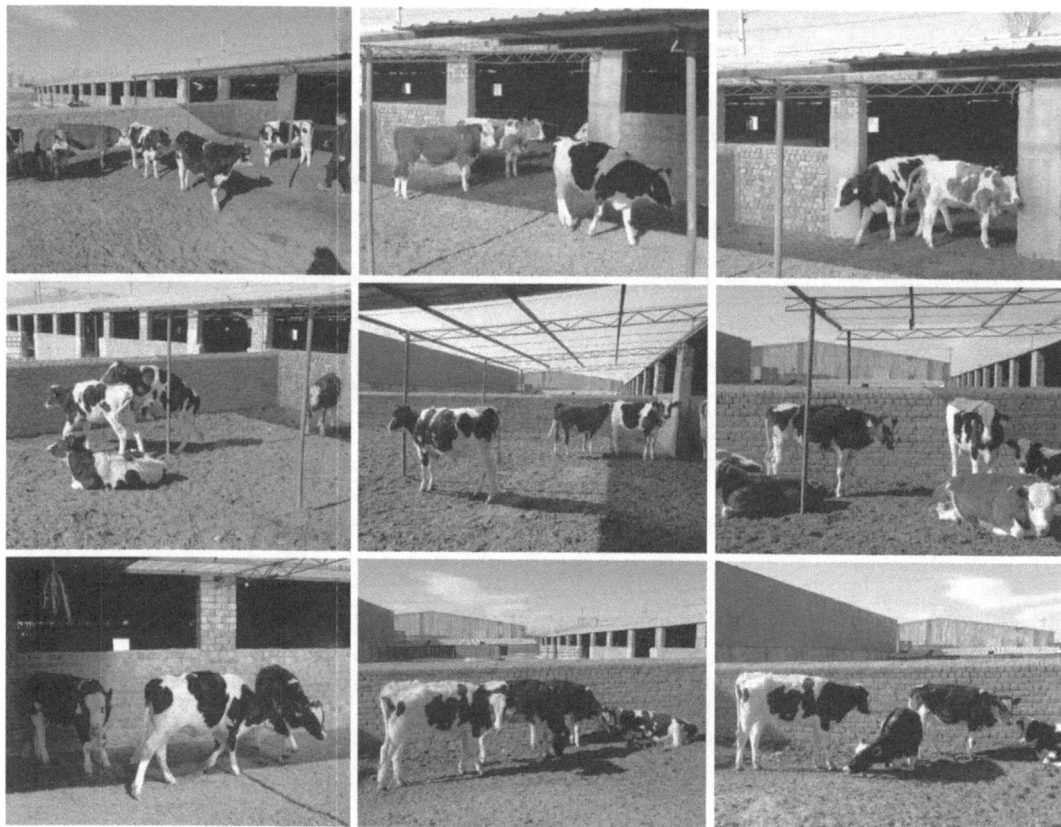

图 2.5　MVCAIDRE 数据集采样场景

在图 2.5 的现场图像中,利用基于公开权重的 YOLOv4 目标检测模型,从中检测出 15 头牛、665 张个体图像,制作了最为贴近真实养殖环境的牛身份识别验证数据集 MVCAIDRE。

在 MVCAIDRE 数据集中,图像存在更加复杂的背景、多样的姿态,以及存在牛与牛、牛与养殖设施的互相遮挡,样本如图 2.6 所示。

从图 2.6 中可以看出,真实的养殖场景中自然状态下牛多视角图像的显著特点。首先,图像的背景较为复杂,背景中存在其他牛的明显干扰,如图 2.6(a)(b)所示;其次,图像中牛的姿态变化较多,如站姿、卧姿以及跪姿等,造成了图像特征变化大,如图 2.6(c)所示;在真实养殖场景中普遍存在目标被遮挡的现象,如牛个体之间的相互遮挡以及牛和牧场设施之间的部分遮挡,导致牛的全局特征提取困难,识别中易受到干扰,如图 2.6(d)(e)所示。总之,现场背景复杂、牛姿态多变及目标相互遮挡等问题,均为牛身份的准确识别带来难度。MVCAIDRE 数据集包含了真实场景中的常见现象,可以有效验证算法在实际养殖生产中的适应性。本节将在 MVCAID100 数据集上进行 m 重交叉对比实验,并在 MVCAIDRE 验证集上验证算法在接近真实养殖场景下的识别性能。

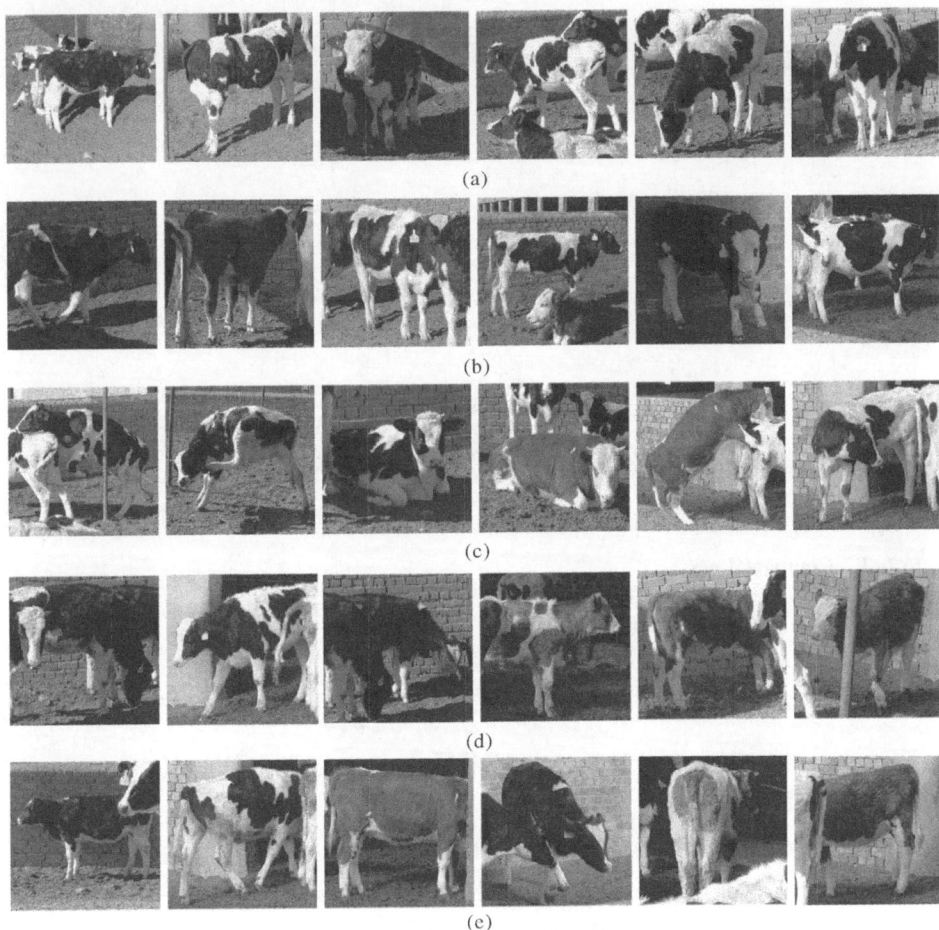

图 2.6　MVCAIDRE 数据集样本

2.1.2.2　基于紧致损失的识别算法

深度度量学习的核心任务是设计有效的损失函数训练深度卷积神经网络模型,优化特征空间分布,增大不同类别的特征之间的距离,保证分布的可分性。同时,不断缩小同类特征之间的距离,提高分布的可辨识性。基于上述目标,笔者设计了紧致损失函数(Compact Loss),利用无偏置 SoftMax 损失(SoftMax-nB)、三元损失(Triplet Loss)和致密损失(Tight Loss)联合监督训练特征提取模型,优化特征空间。其算法原理如图 2.7 所示。

从图 2.7 中可以看出,该算法包含模型训练和测试两个阶段。在训练阶段,Compact Loss 通过 SoftMax-nB 损失促使特征呈现标准线性可分分布,保证特征归一化投影到超球面上的可分辨性,三元损失增大归一化特征的类间差距,结合致密损失进一步提高特征的分布紧凑性。在测试和应用阶段,利用训练好的深度卷积神经网络模型提取图像特征,归一化后送入 k-NN 分类器,识别牛个体身份。

(a)

(b)

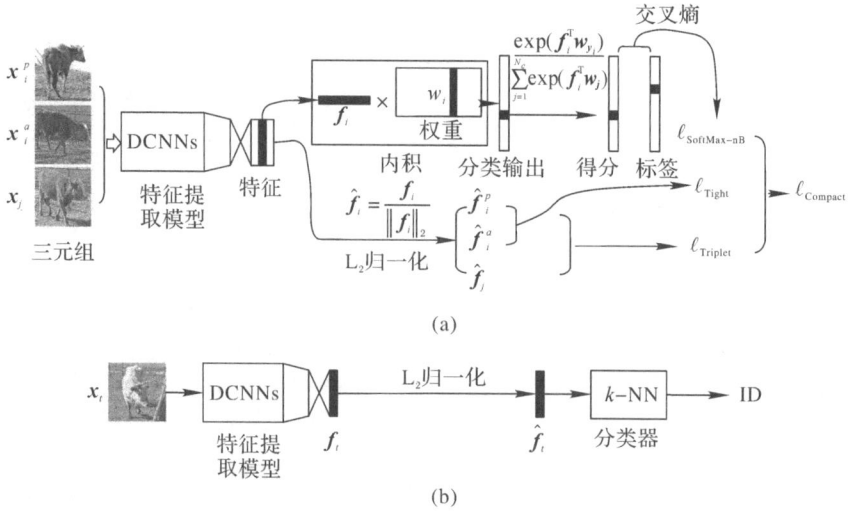

图 2.7　基于 Compact Loss 的识别算法结构图

(a)训练阶段;(b)测试阶段

2.1.2.3　Compact Loss

1. SoftMax - nB 损失函数

线性分类器的定义为

$$g(\boldsymbol{x}_i, \boldsymbol{w}, \boldsymbol{b}) = \boldsymbol{x}_i^{\mathrm{T}} \boldsymbol{w} + \boldsymbol{b} \tag{2.9}$$

式中:$g(\cdot)$——线性映射,在分类任务中,其将输入 $\boldsymbol{x}_i$ 映射为类别输出 y_i;

　　　$\boldsymbol{w}$——系数;

　　　$\boldsymbol{b}$——偏置项,其作用是通过平移分类超平面来达到分类的目的。

本节将线性可分特征分布分为两类,分别为标准线性可分分布和非标准线性可分分布。其中,标准线性可分特征分布的特点是决策超平面经过原点,如图 2.8(a)所示。若决策超平面需要经过平移来分类,则称为非标准线性可分分布,如图 2.8(b)所示,图中红线[见图 2.8(b)]为决策超平面。

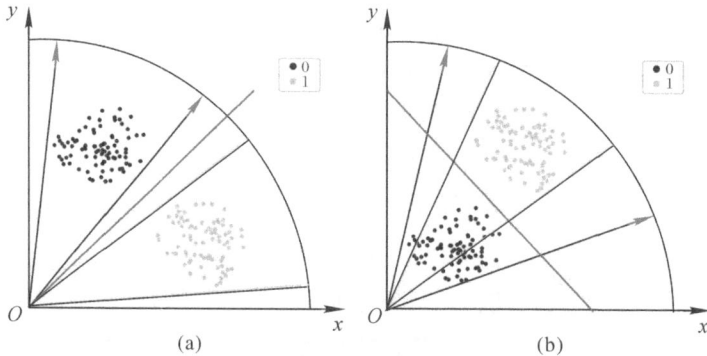

(a)　　　　　　　　　　　　　(b)

图 2.8　标准线性可分和非标准线性可分空间

(a)标准线性可分分布;(b)非标准线性可分分布

　　从图 2.8 可以看出,当特征经过归一化投影到超球面时,非标准线性可分分布中不同类别的特征在超球面上将会发生部分的或者全部的重叠现象,如图 2.8(b)所示,其在归一化后破坏了特征的可分辨性。观察到线性可分分布归一化后在超球面上的分布特点,本节去掉 SoftMax 分类损失中最后一层全连接层的偏置项,强制深度卷积神经网络模型学习到标准的线性可分分布,进而避免特征归一化后在超球面上重叠现象的发生。

　　标准 SoftMax 分类损失函数为

$$\ell_{\text{SoftMax}} = -\frac{1}{N}\sum_{i=1}^{N}\log\frac{\exp(\boldsymbol{f}_i^{\text{T}}\boldsymbol{w}_{y_i} + b_{y_i})}{\sum_{j=1}^{N_C}\exp(\boldsymbol{f}_i^{\text{T}}\boldsymbol{w}_j + b_j)} \tag{2.10}$$

式中:$\boldsymbol{f}_i \in \mathbf{R}^d$——样本 $\boldsymbol{x}_i$ 输入深度卷积神经网络后提取的特征;

　　　　d——特征维数;

　　　　$\boldsymbol{w}_i \in \mathbf{R}^d$——最后一层全连接层的权重 $\boldsymbol{W} \in \mathbf{R}^{d*N_C}$ 的第 i 列;

　　　　b_i——偏置项 $\boldsymbol{b}$ 的第 i 项,$\boldsymbol{b} \in \mathbf{R}^{N_C}$,为最后一层全连接层中的偏置项。

　　为验证偏置项 $\boldsymbol{b}$ 的作用,本节在 MNIST 数据集(Mixed National Institute of Standards and Technology Database)上利用含偏置项和不含偏置项 SoftMax 损失函数分别训练了 LeNet 深度卷积神经网络模型,来验证偏置项在模型特征分布学习中的作用。为方便可视化,本节将输出特征的维度改为 2,并将训练集中 30 000 个样本的特征绘制到分布图中,如图 2.9 所示。

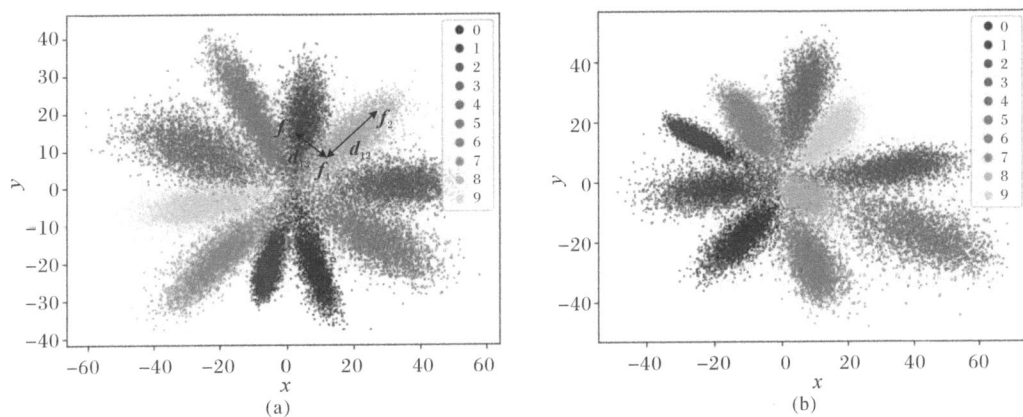

图 2.9　SoftMax/SoftMax‑nB 监督下 MNIST 数据集特征分布

(a)无偏置项 SoftMax 训练结果;(b)标准 SoftMax 训练结果

　　从图 2.9 可以看出,在标准 SoftMax 损失监督下,模型提取的特征总体分布呈现放射状。如果直接利用欧式距离进行度量,那么同类样本特征 $\boldsymbol{f}_1$、$\boldsymbol{f}_2$ 之间的距离 d_{12} 远大于不同类样本特征 $\boldsymbol{f}_1$、$\boldsymbol{f}_3$ 之间的距离 d_{13}。为解决这一问题,研究人员将特征归一化投影到超球面,利用余弦相似度进行距离度量。然而,在标准 SoftMax 损失函数监督下学习到的特征分布中,如图 2.9(b)所示,原点中心周围会存在聚类团形分布,导致该部分特征投影到超球面上后出现与其他类特征部分的或全部的重叠现象,不利于特征分类。

　　标准 SoftMax 损失函数中线性分类器偏置项的存在,使得分类器具有通过平移决策超平面来区分非标准线性可分特征的能力,因此在此监督下生成的特征分布呈现非标准线性可分,不利于特征归一化后分类识别。为了促使特征呈现标准线性可分的分布,本节算法去掉线性分类器中的偏置。由于分类器不具备偏移分类的能力,所以学习过程中相当于间接加入了非标准线性可分的惩罚项,强制模型学习到标准线性可分的特征分布,增强特征在归一化超球面上的可分辨性。LeNet 模型实验结果可视化地给出了含偏置和无偏置 SoftMax 损失函数训练得到的特征分布,从实验角度证明了上述推断。

在分析了偏置项对于特征分布学习作用的基础上,本节则改进 SoftMax 损失函数,去掉 SoftMax 损失最后一层全连接层的偏置项,构造无偏置 SoftMax 损失 SoftMax - nB,表示为

$$\ell_{\text{SoftMax-nB}} = -\frac{1}{N}\sum_{i=1}^{N}\log\frac{\exp(\boldsymbol{f}_i^{\mathrm{T}}\boldsymbol{w}_{y_i})}{\sum_{j=1}^{N_C}\exp(\boldsymbol{f}_i^{\mathrm{T}}\boldsymbol{w}_j)} \tag{2.11}$$

SoftMax - nB 损失函数通过移除偏置项,监督训练深度卷积神经网络模型,强制其学习到标准线性可分的特征,有利于在投影超球面上得到可分辨的特征分布,进而提高识别准确率。

2. 三元损失函数

三元损失(Triplet Loss)是典型的度量学习方法,Florian Schroff 等研究人员在 FaceNet 中应用该方法,在人脸识别任务中取得了深度度量学习开拓性的成果。William Andrew 等研究人员利用三元损失结合 SoftMax 损失函数训练模型提取牛背部图像特征进行牛身份识别,也取得了一定的成果。

利用特征归一化后的三元损失函数训练模型,保证在超球面上不同类特征之间的距离间隔,加强分布的可分辨性。其基本原理为

$$\ell_{\text{Triplet}} = \sum\max\{0,d(\hat{\boldsymbol{f}}_i^a,\hat{\boldsymbol{f}}_i^p) - d(\hat{\boldsymbol{f}}_i^a,\hat{\boldsymbol{f}}_j) + \Delta\}, \forall(\hat{\boldsymbol{f}}_i^a,\hat{\boldsymbol{f}}_i^p,\hat{\boldsymbol{f}}_j) \in \mathbb{T} \tag{2.12}$$

式中:$d(\boldsymbol{f}_i,\boldsymbol{f}_j)$——两个特征点之间的度量距离,本节采用欧氏距离,即 $d(\boldsymbol{f}_i,\boldsymbol{f}_j) = \|\boldsymbol{f}_i - \boldsymbol{f}_j\|_2$;

$(\hat{\boldsymbol{f}}_i^a,\hat{\boldsymbol{f}}_i^p,\hat{\boldsymbol{f}}_j)$——样本归一化特征三元组;

$\hat{\boldsymbol{f}}_i^a$——锚样本;

$\hat{\boldsymbol{f}}_i^p$、$\hat{\boldsymbol{f}}_j$——$\hat{\boldsymbol{f}}_i^a$ 同类的样本特征和异类样本特征;

Δ——边界余量;

$\mathbb{T}$——数据集中所有可能的三元组集合。

如果训练集每类平均样本数为 n,那么三元组集合 $\mathbb{T}$ 的规模大小的数量级为 $O(n^3)$。

FaceNet 中利用难负例样本挖掘策略,选取和锚样本的距离小于锚样本和正样本距离的负样本构成三元组,提高了样本学习效率,通过三元损失监督训练深度卷积神经网络模型提取图像特征,在人脸识别中取得了突破性的成果。然而,三元损失函数能够保证不同类的特征分布具备一定的边界,但无法直接强化同类特征的聚集性能。由于三元损失函数缺乏对难正例样本直接、有效的挖掘采样和监督,易产生离群点,损失了对难正例样本信息的有效学习,从而影响了聚类的紧凑性,不利于提高分布的可辨识性。

3. 致密损失函数

针对三元损失存在的难正例样本监督不足的问题,本节将提出致密损失函数,直接惩罚

难正例样本,缩小同类特征之间的距离,加强特征分布的致密性。致密损失函数(Tight Loss)表示为

$$\ell_{\text{Tight}} = \frac{1}{N} \sum_{i=1}^{N} \sum_{p \in \mathbb{N}_i} \max \left\{ 0, d(\hat{\boldsymbol{f}}_i, \hat{\boldsymbol{f}}_p) - \frac{1}{|\mathbb{N}_i|} \sum_{j,k \in \mathbb{N}_i} d(\hat{\boldsymbol{f}}_j, \hat{\boldsymbol{f}}_k) \right\} \tag{2.13}$$

式中:$\dfrac{1}{|\mathbb{N}_i|} \displaystyle\sum_{j,k \in \mathbb{N}_i} d(\hat{\boldsymbol{f}}_j, \hat{\boldsymbol{f}}_k)$——样本 i 所在类别中样本特征之间的平均距离;

　　　　$\mathbb{N}_i$——样本 i 所在类别的样本集合;

　　　　N——样本总数;

　　　　$|\mathbb{N}_i|$——样本 i 所在类别的样本数量。

由式(2.13)可以看出,致密损失将类内样本与样本之间的距离和类内样本平均距离之间的差距,作为样本特征分布密集性的评价,不断拉近超过类内平均距离的样本,进而从整体上保证同类特征分布的紧凑性。同时,致密损失没有直接最小化类内样本之间的距离,而是通过平均距离拉近同类样本,有助于在保证致密性的同时又保障同类样本分布的多样性,适应于牛多视角图像呈现的类内特征变化大的特点。致密损失代表了类内样本聚类的紧凑性,保证同类样本特征点向类中心靠拢。理想地,该损失函数需要计算所有类内样本之间的平均距离,但在训练中受条件限制,难以实现。为解决这一问题,笔者采用类内样本均衡采样法,确保在每个批次中采样一定数量的同类样本,用于计算批次内同类样本距离均值,利用批次内的距离均值近似类内所有样本的距离均值,以简化损失的计算。

4. 紧致损失函数

在上述分析的基础上,结合 SoftMax - nB 损失、三元损失和致密损失,本节提出紧致损失函数(Compact Loss),联合监督训练深度卷积神经网络模型,保证学习到类间差距大、类内相似度高,即兼具可分辨性和可辨识性的特征分布。Compact Loss 表示为

$$\ell_{\text{Compact}} = \ell_{\text{SoftMax-nB}} + \ell_{\text{Triplet}} + \gamma \ell_{\text{Tight}} \tag{2.14}$$

式中:γ——致密系数,控制致密损失函数的作用率。

Compact Loss 中,SoftMax - nB 损失促使特征呈现标准线性可分分布,保证特征归一化投影到超球面上的可分辨性。三元损失函数进一步增大归一化后特征的类间差距,结合致密损失函数提高特征的分布紧凑性,获得较为紧凑的聚类,从而增强特征的可辨识性,达到提高身份识别准确率的目的。Compact Loss 中,包含两个超参数,即三元损失 Δ(用于控制不同类别的特征分布之间的边界余量)和致密系数 γ。本节开展相关参数的调整实验,并确定最佳参数。

在模型训练阶段,基于 Compact Loss 的模型优化方法的详细步骤如算法 2.1 所示。

算法 2.1　基于 Compact Loss 的模型优化方法

---

(1)采用 ImageNet 分类任务权重初始化特征提取模型;

(2) **for** ep=1 **to** num_epoches **do**

(3)　　**for** $\{x_i\} \subset \mathbb{X}$ **do**

(4)　　　　$\boldsymbol{f}_i = F(\boldsymbol{x}_i; \theta)$;//提取图像特征

(5)　　　　利用式(2.11)计算损失 $\ell_{\text{SoftMax-nB}}$;

---

(6) $\hat{f}_i = \dfrac{f_i}{\| f_i \|_2}$; // 归一化特征

(7)   采用难负例样本采样策略构造三元组 $(\hat{f}_i^a, \hat{f}_i^p, \hat{f}_j)$;

(8)   利用式(2.12)计算三元损失 $\ell_{Triplet}$;

(9)   计算平均距离 $\bar{d}_i = \dfrac{1}{|\mathbb{N}_i^b|} \sum\limits_{j,k \in \mathbb{N}_i^b} d(\hat{f}_j, \hat{f}_k)$; // $\mathbb{N}_i^b$ 为批内样本 i 所在类特征集合

(10)   计算 $\ell_{Tight} = \dfrac{1}{N_b} \sum\limits_{i=1}^{N_b} \sum\limits_{p \in \mathbb{N}_i} \max\{0, d(\hat{f}_i, \hat{f}_p) - \bar{d}_i\}$; // N_b 为批采样大小

(11)   利用式(2.14)计算 $\ell_{Compact}$;

(12)   反向传播优化特征提取模型的参数;

(13)   **end for**

(14) **end for**

2.1.2.4 识别效果

为验证本节提出的 Compact Loss 在自然环境下牛身份识别中的性能,本节基于 MVCAID100 数据集做了 m 重交叉验证实验和算法性能测试实验,并以人脸识别任务中具有优异性能的模型 Triplet Loss、ArcFace 及 NPT Loss 为基准方法,进行了对比验证。此外,为测试本节提出的基于 Compact Loss 的识别方法在牧场养殖中的适应性,本节在真实场景验证数据集 MVCAIDRE 上进行实验,进一步验证模型在存在复杂背景、多种姿态以及部分遮挡条件下的身份识别性能。

1. m 重交叉验证数据集划分方法

将牛身份识别作为开集识别(Open-set)问题,当牧场规模及监测对象动态变化时不需要重新训练特征提取模型。为验证模型在开集分类任务中的性能,在 MVCAID100 数据集上采用 m 重交叉验证,其中 $m=2$、$m=4$,即分别有 50%、25% 的牛作为身份不可见集(Unseen Set),不参与训练和参数调试。

在实验中,将 MVCAID100 数据集按照身份随机排列并等分为 m 份,之后分别依次将第 i 份作为身份不可见集(Unseen Set),其余 $m-1$ 份作为身份可见集(Seen Set)。在训练阶段,利用可见集训练模型,模型训练完成后,利用不可见集进行验证。

在测试阶段,将不可见集中每类的样本按照 7:3 随机划分为 k-NN 分类器的训练集和测试集。不可见集中的图像输入训练好的深度卷积神经网络模型,提取语义特征,之后将 k-NN 测试集的图像特征根据 k-NN 近邻原则进行投票分类,进而确定牛个体身份。数据集划分方法如图 2.10 所示。

不可见集中的数据不参加特征提取网络模型的监督训练和超参数的调试,模型性能验证在不可见集的测试集上进行。实验结果的评价指标采用身份识别任务中的 k-NN 分类器的准确率,本节给出了 m 重交叉验证实验中准确率的最大值/最小值和平均值。

真实养殖场景身份识别验证集 MVCAIDRE,作为 MVCAID100 数据集的验证补充,不参与模型训练和超参数调整,用于测试模型在真实场景中更为接近自然环境条件下的识别性能。在验证环节,MVCAIDRE 数据集按照 4:1 划分为 k-NN 分类器的训练集和测试集,利用 MVCAID100 数据集训练好的深度卷积神经网络模型提取特征,之后通过 k-NN 分类器识别身份。

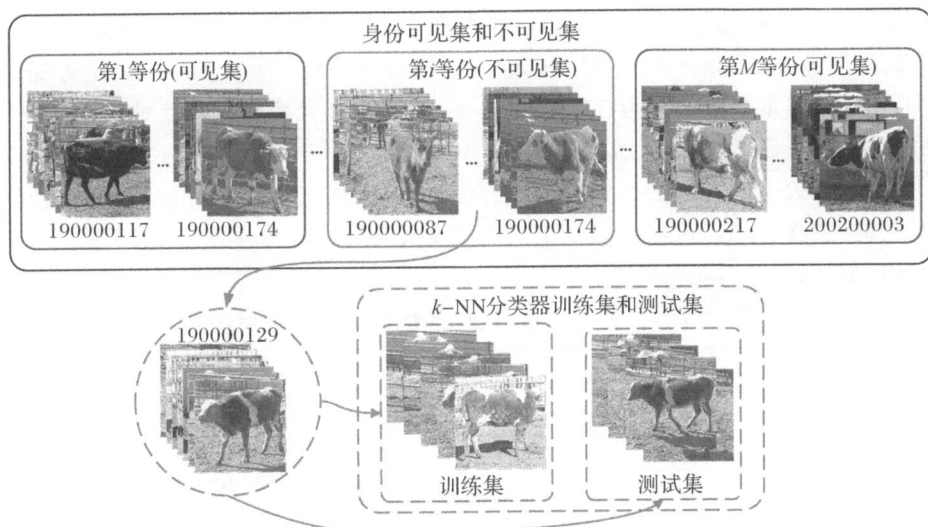

图 2.10 m 重交叉验证数据集划分方法

2. 模型训练基本参数设置

实验中,训练和测试的主要硬件采用一块 NVIDIA RTX2080Ti GPU,算法平台基于 UBUNTU 18.04 和 Pytorch 1.7.1 搭建。

TripletLoss、ArcFace、NPT Loss 以及 Compact Loss 均在数据集 MVCAID100 可见集上监督训练特征提取模型。特征提取模型采用 Inception v3 深度卷积神经网络模型,利用 ImageNet 数据集分类任务的权重进行初始化。输入图像大小为 224×224 像素,模型的最后一层全连接层修改为内积操作,输出设置为 256,提取到的特征维度为 256 维。训练时,输出的特征送入 SoftMax - nB,计算交叉熵损失。特征归一化后在本批次内利用难负例采样策略构造三元组,进而计算三元损失。基于样本均衡采样方法,计算采样批次内同类样本特征归一化后的平均距离,进而计算 Tight Loss。之后 Compact Loss 通过反向传播算法优化模型参数,算法基本原理如图 2.7 所示。

三元损失函数样本挖掘策略采用 FaceNet 中提出的难负例样本采样策略,在每个批次中选取与锚样本的距离小于锚样本和正例样本距离的负例样本构成三元组。采用类内样本均衡采样法采样,每次采样 12 类、每类 8 张,批次的大小为 96,保证每个批次采样中的正负样本数量。优化方法采用 Adam,学习率初始值为 1×10^{-3},学习率衰减策略采用指数衰减法,衰减率为 0.95,训练 500 轮,模型损失在迭代 100 轮后趋于稳定。

测试时,特征提取模型提取 MVCAID100 不可见身份集样本特征,之后利用 k - NN 分类器($k = 5$,欧氏距离度量)识别未见集中测试集的身份。准确率取迭代 100 轮损失稳定后的最高准确率。

3. 紧致损失函数参数调试

Compact Loss 中包含两个参数,即三元损失中的边界 Δ 和致密损失的学习速度 γ。其中,三元损失边界 Δ 取值决定了类间特征的距离约束,致密损失的学习速度控制着特征的聚集速度。特征聚类太快不利于三元损失函数中的负样本的有效学习,因此调整合适的致

密损失的学习速度 γ,有助于平衡正、负例样本有效信息的学习,并改善特征分布。

本节利用 Inception v3、采用 ImageNet 数据集分类任务权重进行初始化。在 MVCAID100 数据集上开集率为 50% 的条件下,通过 2 重交叉验证实验对比得到最佳边界 Δ 和致密度学习速度 γ。其中,当 $\Delta=0.3$、$\gamma=0.1$ 时,测试集身份识别准确率指标达到最高。实验数据见表 2.1 和表 2.2。实验中首先按照经验固定 $\Delta=0.2$ 并在 $0.1\sim0.5$ 的范围内搜索最佳致密损失学习速度 γ 为 0.1,之后固定 $\gamma=0.1$,在 $0.1\sim0.5$ 的范围内调整三元损失函数边界 Δ,实验结果见表 2.1。

表 2.1　三元损失边界 Δ 调参实验结果($\gamma=0.1$)

Δ	平均准确率:[Min, Max]
$\Delta=0.1$	91.1:[89.48, **92.97**]
$\Delta=0.2$	89.94:[88.53, 91.34]
$\Delta=0.3$	**91.68**:[**90.63**, 92.72]
$\Delta=0.4$	89.65:[87.57, 91.73]
$\Delta=0.5$	90.04:[87.95, 92.13]

注:①表中的粗体表示指标超过了对比的基准,或是对比实验中的最高指标值。

②Min 代表最小值,Max 代表最大值。

从确定了最优的三元损失边界参数 Δ 后,将 Δ 设置为 0.3,再次测试致密损失学习速度 γ 对准确率的影响。同样做 2 重交叉验证,在 $0.05\sim0.4$ 的范围内调整速度 γ,实验结果见表 2.2。

由表 2.2 中的实验数据得出,当 Δ 设置为 0.3,致密学习速度 γ 为 0.1 时,交叉验证的识别准确率最高。若 γ 太大,由于聚类的速度太快,影响了三元损失中负样本采样,降低了负例样本的有效贡献,影响了三元损失中难负例样本的信息学习,导致了 k-NN 识别准确率的下降。致密学习速度 γ 调参实验表明了合适的聚类速度有利于平衡正、负样本的学习,有助于构造更多有效的三元组,监督模型从中学习更多的辨识性特征。

表 2.2　致密损失学习速度 γ 调参实验结果($\Delta=0.3$)

γ	平均准确率:[Min, Max]
$\gamma=0.05$	89.16:[87.57, 90.75]
$\gamma=0.1$	**91.68**:[**90.63, 92.72**]
$\gamma=0.2$	90.52:[88.91, 92.13]
$\gamma=0.3$	90.12:[89.10, 91.14]
$\gamma=0.4$	89.46:[87.19, 91.73]

经过对比,Compact Loss 中最佳超参数选择为 $\Delta=0.3$、$\gamma=0.1$。在后续实验中,如无特殊说明,Compact Loss 在模型训练阶段均采用上述参数。

4. SoftMax-nB 损失监督性能验证

本节将详细介绍 SoftMax 损失函数中线性分类器的偏置项的作用,其存在与否能够影响特征分布是否呈现标准线性可分分布。偏置项可以通过平移分类超平面来区分非标准线性可分的特征,去掉偏置项后分类器缺乏平移能力,则会间接惩罚模型对于非标准线性可分分布的学习。因此无偏置 SoftMax 损失在训练中可以强制模型学习到标准线性可分的分布,消除由于非标准线性可分分布导致的不同类样本特征在超球面上的重叠问题,增强超球面上特征的可分辨性。

本节将针对 SoftMax-nB 损失函数的监督性能做实验分析。实验中,利用深度卷积神经网络模型 Inception v3 作为特征提取模型,采用 ImageNet 数据集上分类任务的权重进行初始化,在 MVCAID100 数据集上分别开展了 m 重交叉验证(其中, $m=2$、$m=4$)。在开集率为 50%、25%(占比 50%、25% 的牛不参与训练和参数调试)的条件下对比了标准 Soft-Max 损失和 SoftMax-nB 损失在该数据集上的识别性能。详细实验结果见表 2.3。

从表 2.3 可以看出,在 50% 和 25% 的开集率下,SoftMax-nB 损失相对于标准 SoftMax 损失,模型性能分别提高了 10.7%、2.4%。此外,本节也将对比基于标准 SoftMax 损失的 Compact Loss* 和基于 SoftMax-nB 损失的 Compact Loss。从中可以看出,SoftMax-nB 损失函数为 Compact Loss 在开集率为 50% 和 25% 条件下分别带来了 1.5%、1.3% 的准确率提升。特别地,仅单独利用 SoftMax-nB 监督训练模型,获得的性能就超过了标准 Soft-Max 损失和三元损失联合监督的性能,甚至接近于采用标准 SoftMax 损失的 Compact Loss* 的性能指标。这再一次实验性地证明了关于线性可分分布性能分析的正确性。

表 2.3　SoftMax-nB 损失监督性能测试实验结果

开集率	25%	50%
方　　法	平均准确率:[Min, Max]	
SoftMax	94.36:[93.33, 95.77]	82.12:[84.51, 79.72]
SoftMax-nB	96.60:[94.51, 97.58]	90.91:[89.29, 92.52]
SoftMax + Triplet($\Delta=0.2$)	95.63:[93.73, 96.37]	89.74:[88.34, 91.14]
SoftMax-nB + Triplet	96.33:[95.97, 96.64]	91.29:[90.06, 92.52]
Compact Loss*	95.82:[93.33, 96.92]	90.32:[89.1, 91.54]
Compact Loss	**97.10:[96.54, 97.98]**	**91.68:[90.63, 92.72]**

从上述实验结果中得出,SoftMax-nB 损失对于优化特征空间的特征分布有着至关重要的作用,它是 Compact Loss 在自然环境下牛多视角图像身份识别任务中性能提升的重要因素。

5. 紧致损失监督性能消融实验

紧致损失由 SoftMax-nB 损失函数、三元损失函数和致密损失函数三部分组成,算法结构如图 2.7 所示。为进一步深入探究各组成部分对于模型性能的影响和作用,本节做了模型性能消融实验。

本节利用深度卷积神经网络模型 Inception v3 作为特征提取模型,采用 ImageNet 数据集分类任务的权重进行初始化,在 MVCAID100 数据集上分别开展了 m 重交叉验证(其中,$m=2$、$m=4$)。在开集率为 50%、25% 下(占比 50%、25% 的牛不参与训练和参数调试)条件下,对比分析了 SoftMax-nB 损失函数,以及与三元损失函数、致密损失函数组合监督下对牛身份识别性能的影响和作用。详细的实验结果见表 2.4。从表 2.4 可以看出,SoftMax-nB 损失函数极大地改善了特征在投影超平面的可分辨性。增加三元损失后,在 50% 开集率下性能有一定的提升,也表明三元损失函数在一定程度上增加了不同类特征之间的分布距离,进一步增强了可分辨性。最后,在 Tight Loss 的共同作用下,通过联合监督训练模型,针对性地缩短了特征的类内距离,加强了聚类的紧凑性,有效提高了分布的可辨识性能。表 2.4 中的实验结果也给出了很好的验证,在开集率为 25% 和 50% 的条件下,紧致损失均取得了最好的性能表现。

表 2.4 消融实验结果

开集率	25%	50%
方　法	平均准确率:[Min, Max]	
SoftMax − nB	96.60:[94.51, 97.58]	90.91:[89.29, 92.52]
SoftMax − nB + Triplet	96.33:[95.97, 96.64]	91.29:[90.06, 92.52]
Compact Loss	**97.10:[96.54, 97.98]**	**91.68:[90.63, 92.72]**
SoftMax − ResNet50	97.17:[95.97, 98.13]	92.45:[91.40, 93.50]
Compact Loss − ResNet50	**97.86:[97.25, 99.23]**	**93.51:[93.31, 93.70]**

此外,为了测试 Compact Loss 在其他深度卷积神经网络模型上的适应性,本节利用 ResNet50 深度卷积神经网络模型作为特征提取模型,对比标准 SoftMax 损失和 Compact Loss 损失函数在不同模型上的性能。

ResNet50 模型训练过程中,采用 ImageNet 数据集分类任务权重进行初始化。三元组构造中,样本挖掘策略也采用批难负例样本采样策略。采用类内样本均衡采样法保证批次内同类样本的数量,采样 8 类、每类 6 张图像,批次的大小为 48。优化器采用随机梯度下降法 SGD,初始学习率设置为 1×10^{-3},采用指数衰减学习率,衰减率设置为 0.95。经过对比实验,ResNet50 模型上的 Compact Loss 中最佳超参数选择为 $\Delta = 0.8$、$\gamma = 0.1$,实验结果见表 2.4。

从表 2.4 可以看出,由于 ResNet50 深度和参数量均大于 Inception v3 模型结构,因此 ResNet50 的识别指标均优于 Inception v3 的性能。Compact Loss 在 ResNet50 上的高识别准确率,进一步证明了其较好的模型适应性。

6. 主流算法对比实验

为进一步验证 Compact Loss 的性能,本节选用人脸识别任务中的 Triplet Loss、ArcFace 以及 NPT Loss 作为基准。上述方法与 Compact Loss 分别在 MVCAID100 数据集上训练特征提取模型,之后采用 k-NN 分类器对特征分类识别牛的身份,进而比较这些模型在牛身份识别任务中的性能表现。

在对比实验中,特征提取模型采用 Inception v3 深度卷积神经网络模型,采用 ImageNet 数据集分类任务权重进行初始化,在 MVCAID100 训练集上完成训练。

Triplet Loss 损失函数,如式(2.3)所示,其超参数边界余量 Δ 设置为 0.2。采样策略采用 FaceNet 中提出的难负例采样策略。优化器采用 Adam,模型参数优化学习率初始值设置为 1×10^{-3},学习率衰减策略采用指数衰减,衰减率为 0.95。采用同类样本均衡采样法,采样 12 类,每类采样 8 个样本,批次的大小为 96,训练 500 轮。

ArcFace 损失函数,式(2.8)所示,主要包含两个超参数,其中角度边界 Δ_a 表示特征与本类中心的角度和特征与异类中心角度之间的边界余量。半径 r_a 代表归一化超球面半径,用于解决 NormFace 中提出的特征归一化带来的损失难以降低的问题。经实验,角度边界 Δ_a 设置为 0.2,投影半径 r_a 设置为 32。优化器采用 Adam,模型参数优化学习率初始值

设置为 1×10^{-3}，学习率衰减策略采用指数衰减，衰减率为 0.95。批次的大小设置为 64，训练 500 轮。

NPTLoss 利用特征和正样本聚类中心、最近邻负样本聚类中心组成三元组，求解三元损失，进而约束特征与本类中心的相似度和特征与最近邻异类特征中心的相似度之间的距离边界。其基本原理为：

令 $\mathbb{W} = \{w_1, \cdots, w_y, \cdots, w_{N_C}\}$ 为数据集中每类样本的特征中心集合，在深度卷积神经网络中，其为最后一层全连接层中对应位置的权重向量。f_i 为锚样本 x_i 的特征，则 $\mathbb{W}_{NN}^i = \{w_i^1, w_i^2, \cdots, w_i^K\}$ 定义为 f_i 的 K 个最近邻中心集合。对于 $y_i \notin (1, 2, \cdots, K)$，$\mathbb{W}_{NN}^i \subset \mathbb{W}$，均满足 $s(f_i, w_{y_i}) \geqslant s(f_i, w_i^1) \geqslant s(f_i, w_i^2) \geqslant \cdots \geqslant s(f_i, w_i^K) \geqslant s(f_i, w_j)$，$j \neq y_i$。其中，$s(f_i, w_j) = f_i^\mathrm{T} w_j$ 为二者的相似度。

在此基础上，NPT Loss 定义为

$$\ell_{NPT} = \sum_{w_i^k \in W_{NN}^i} \max\{0, f_i^\mathrm{T} w_i^k - f_i^\mathrm{T} w_{y_i} + \Delta_{npt}\} \tag{2.15}$$

式中：Δ_{npt}——样本和正中心与样本和最近邻负中心间的边界余量。

通过一系列比较实验，NPT Loss 损失函数中超参数 Δ_{npt} 设置为 0.2，最近邻中心数量 K 设置为 2，采用前 2 位的最近邻中心构造三元组。优化器采用 Adam，模型参数优化学习率初始值设置为 1×10^{-3}，学习率衰减策略采用指数衰减，衰减率为 0.95。批次的大小设置为 64，训练 500 轮。

Triplet Loss、ArcFace、NPT Loss 与 Compact Loss 在 MVCAID100 数据集上的身份识别准确率见表 2.5。

表 2.5　主流模型对比实验结果

开集率	25%	50%
方　法	平均准确率：[Min, Max]	
Triplet Loss	92.86：[88.31，95.00]	85.10：[82.79，87.40]
ArcFace	96.58：[95.16，97.39]	88.78：[86.81，90.75]
NPT Loss	95.33：[94.12，97.01]	89.20：[85.09，93.31]
Compact Loss	**97.10：[96.54，97.98]**	**91.68：[90.63，92.72]**
Compact Loss-ResNet50	**97.86：[97.25，99.23]**	**93.51：[93.31，93.70]**

Triplet Loss 采用样本级的距离度量，学习性能受到三元组挖掘策略和效果的影响，因此准确率最低。ArcFace 沿袭了 NormFace、SphereFace 以及 CosFace 等基于对比损失的代理级度量方法，在本节牛身份识别任务中性能大幅度地超过了 Triplet Loss。NPT Loss 进一步改进了 ArcFace，只约束特征与本类中心的相似度和特征与最近邻异类中心的相似度之间的距离边界，提高了学习效率，在 MVCAID100 数据集上牛身份识别任务中超过了 ArcFace 的准确率。Compact Loss 通过 SoftMax-nB 损失和 Triplet Loss 损失增强特征分布的可分辨性，并结合 Tight Loss 进一步增强特征聚类的紧凑性，提高了特征分布的可辨识性，在 MVCAID100 数据集 50%、25% 的开集率下，均取得了最高的正确率。由于 ResNet50 深度卷积神经网络模型拥有更深的网络结构和更多的参数，Compact Loss 在 ResNet50 模型上取得了最佳的识别性能。在深度度量学习中 ResNet50 和 Inception 是常

用基准模型,2.1节模型均采用综合性能较好的 ResNet50 作为特征提取网络模型。

7. OpenCows2020 数据集识别性能验证

OpenCows2020 数据集是布里斯托大学 William Andrew 等研究人员制作的牛背部图像身份识别数据集,包含室内外环境下利用置顶相机或无人机采集的 46 头牛、4 376 张牛背部图像(Dorsal Images)。

为了验证 Compact Loss 在其他公开牛身份识别数据集上的性能,本节采用相同的数据集划分标准,与相关文献中 William Andrew 等研究人员提出的 SoftMax - based Reciprocal Triplet Loss 在 OpenCows2020 数据集上进行了对比实验。鉴于 SoftMax - based Reciprocal Triplet Loss 在开集率为 50% 的条件下有较好的识别性能,本节采用 m 重交叉验证($m=2$),分别在 OpenCows2020 上训练 Inception v3 和 ResNet50 模型。为统一标准,将 Inception v3 和 ResNet50 模型的最后全连接层输出改为 128,输出特征维度与相关文献相同,均为 128 维。在 Inception v3 模型和 ResNet50 模型训练时,Compact Loss 的超参数、优化器、学习率以及学习率衰减策略等设置均与在 MVCAID100 数据集上参数相同,实验结果见表 2.6。

表 2.6　OpenCows2020 对比实验结果(开集率 50%)

方　法	平均准确率:[Min, Max]
SoftMax - based Reciprocal Triplet Loss	98.19:[97.58, 98.79]
CompactLoss - Inception v3	98.39:[97.59, 99.19]
CompactLoss - ResNet50	**98.80:[97.99, 99.60]**

从表 2.6 可以看出,基于 Compact Loss 损失训练的 Inception v3 模型和 ResNet50 模型,在 OpenCows2020 数据集上均取得了非常好的性能,其表现均超过了相关文献中提出的 SoftMax - based Reciprocal Triplet Loss 损失函数。这再一次验证了本节提出的 Compact Loss 损失可以利用自然环境下牛任意视角的图像识别身份,其在牛身份识别应用中具有广泛的适应性。

8. 真实场景识别性能验证

MVCAID100 数据集的图像虽然均为自然环境下牛的多视角图像,但不存在牛与牛、牛与设施的相互遮挡。为了验证本节的识别方法在更加接近真实的养殖环境下的性能,制作了真实场景牛身份识别验证数据集 MVCAIDRE,其中包含常见的牛互相遮挡以及牛的姿态变化等现象。

本节没有重新训练特征提取模型,而采用在 MVCAID100 数据集上、在 50% 开集率的条件下训练好的、准确率为 92.72% 的 Inception v3 特征提取模型,直接提取 MVCAIDRE 数据集中的图像特征,之后利用 k - NN 分类器($k=3$)识别测试集中牛个体身份。识别准确率见表 2.7。从表 2.7 可以看出,即使在无遮挡条件下 MVCAID100 数据集上训练的特征提取模型,在更加接近真实环境中,如存在遮挡以及姿态变化的场景下,也有非常好的识别效果。这进一步说明了本节提出的识别方法可以通过自然状态下牛的任一视角的全局或部分图像识别身份,满足了精准畜牧业中自然环境下牛个体身份识别的要求。

表 2.7　MVCAIDRE 验证集实验结果

方　法	准确率
Compact Loss – Inceptionv3	89.08
Compact Loss – ResNet50	92.53

尽管如此,在环境较为复杂的养殖场景中制作的 MVCAIDRE 数据集上,Inception v3 模型识别结果中仍然存在一些典型的错误,详细示例如图 2.11 所示。

图 2.11　Inception v3 在 MVCAIDRE 上的典型错误示例

在图 2.11 中,图像对的左边图例为测试图像,右边图例为模型的错误预测身份图像。

从图中可以看出,在真实养殖场景中更为自然的环境下牛身份识别任务中,模型识别存在三种典型的错误。

第一种为由于目标部分遮挡而导致的全局特征丢失,进而造成局部特征主导分类导致错误识别。典型的如图 2.11 所示,ID(身份证标识号)为 214720902 牛的 P1456271 图像由于牧场设施遮挡只显示侧身的一部分,而该部分的局部特征与牛 214722040 的局部特征相似度较高,从而导致了将其错误识别为牛 214722040。

第二种典型错误原因是较高的类间相似度导致的识别错误,这也是利用自然环境下牛多视角图像进行身份识别的突出的难点问题。典型的如图 2.11 所示,ID 为 214720903 牛的侧身图像 P1468327 与 ID 为 214720028 牛的侧身图像的类间距离非常小,导致了产生错误识别。这一问题的解决需要不断地提高模型对于细粒度特征的学习能力,进而学习到更加致密的类内分布,不断提高特征分布的可辨识性。

第三种典型错误是由于在真实场景中,在目标牛的背景和周围会出现其他牛的部分图像,导致在特征提取及分类时产生干扰。典型的如图 2.11 所示,在目标牛 214720513 的右侧出现了牛 214722040 的部分图像。这部分图像的特征对整体特征提取产生了干扰,导致将目标牛错误地识别为 214722040。

为进一步验证 Compact Loss 对于不同的深度卷积神经网络模型在真实养殖场景中的适应能力,本节验证了 ResNet50 模型在 MVCAIDRE 上的性能。具体地,采用在 MVCAID100 数据集上、50%开集率的条件下训练好的、识别准确率为 93.31% 的 ResNet50 模型,直接提取图像特征,之后利用 $k-NN$ 分类器($k=3$)识别身份。同样地,因 ResNet50 具有更深的网络结构和更多的参数,识别准确率超过 Inception v3 在该验证集上的表现,达到 92.53%,实验结果见表 2.6。ResNet50 模型典型的错误识别示例如图 2.12 所示。

在图 2.12 中,图像对的左边图例为测试图像,右边图例为模型的错误预测身份图像。从图 2.12 可以看出,在真实养殖环境中,ResNet50 相比较于 Inception v3 识别准确率有所提高,然而错误类型与 Inception v3 相同,也包含三种不同类型的典型错误,不过错误数量有所降低。其中,第一种也是由于目标部分遮挡而导致的全局特征丢失,进而造成错误识别,典型的如图 2.12 中的相关示例。第二种是较高的类间相似度导致的识别错误,典型的如图 2.12 中的相关示例。第三种是由于在目标牛的背景中出现其他牛的部分图像干扰了特征提取,典型的如图 2.12 中的相关示例。

上述典型错误的解决,均需要不断地提高损失函数的监督性能,增强模型对于图像全局和局部特征的综合学习能力,不断改善特征空间中的聚类效果,进而提高身份识别准确率。

针对自然环境下牛的多视角图像随其视角、姿态、背景和光线等的变化呈现出的“类内特征距离大、类间特征距离小”的分布特点,本节将提出 Compact Loss 损失函数,利用 SoftMax-nB 损失、三元损失(Triplet Loss)和致密损失(Tight Loss)联合监督训练深度卷积神经网络模型提取图像特征。①通过 SoftMax-nB 损失学习到标准线性可分特征分布,提高特征在投影超球面的可分辨性。②Triplet Loss 进一步拉开特征的类间差距,持续增强可分辨性。③利用 Tight Loss 进一步压缩同类特征分布的紧凑性,进而从整体上针对性地加大不同类样本特征间的距离,减小同类样本特征间的类内距离,提高特征分布的可分辨性和可辨识性。④通过在本节提出的 MVCAID100 数据集、MVCAIDRE 数据集和公开的 OpenCows2020 数据集上的大量实验,验证了 Compact Loss 在自然状态下牛身份识别任务中的优异性能,也证明了精准畜牧业中利用自然环境下任一视角的图像识别牛个体身份的可行性。

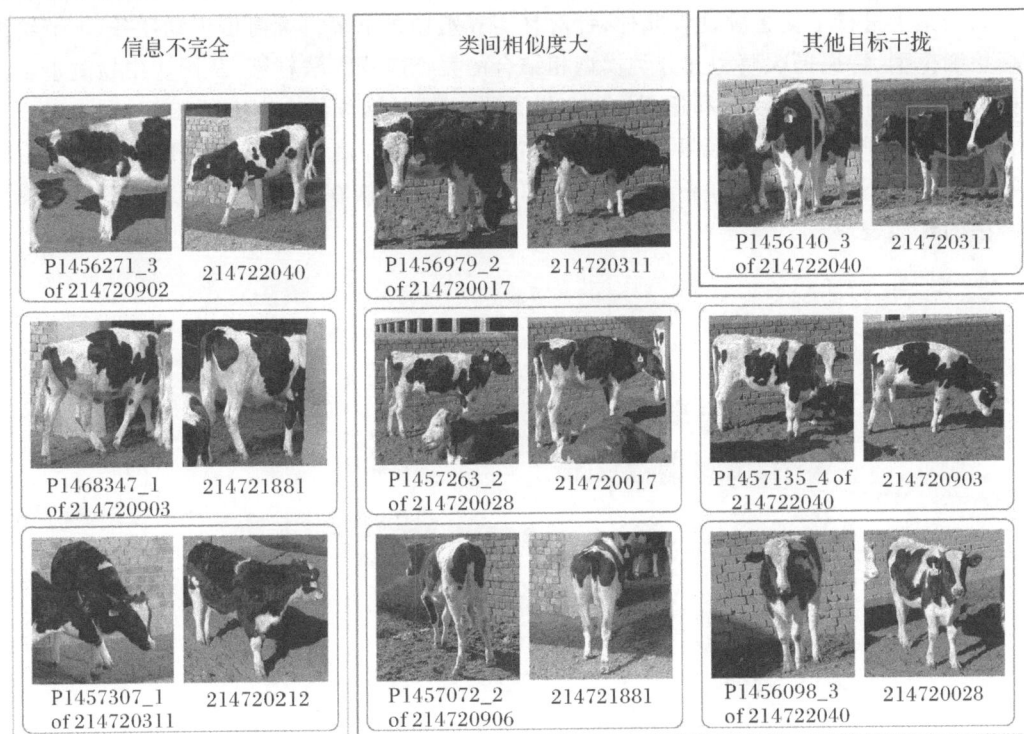

| 信息不完全 | 类间相似度大 | 其他目标干扰 |

P1456271_3 of 214720902　　214722040
P1456979_2 of 214720017　　214720311
P1456140_3 of 214722040　　214720311

P1468347_1 of 214720903　　214721881
P1457263_2 of 214720028　　214720017
P1457135_4 of 214722040　　214720903

P1457307_1 of 214720311　　214720212
P1457072_2 of 214720906　　214721881
P1456098_3 of 214722040　　214720028

图 2.12　ResNet50 在 MVCAIDRE 上的典型错误示例

2.1.3　基于多中心代理损失的识别方法

中国西门塔尔牛的皮肤呈现棕色和白色相间形态,服从图灵反射-融合机理,具有唯一性和不可替换性的特点,而且图像采样便捷,是较为理想的精准畜牧业牛养殖生产环节中可视化生物学身份度量基准。

然而,自然环境下中国西门塔尔牛的多视角图像,随着视角、姿态、光线和背景等条件的变化会形成多个类内局部中心。另外,类内局部中心之间的距离较大,相同成因条件下,如相同视角下,类间局部中心之间却又呈现较高的相似度,如图 2.13 所示。这均为特征聚类和身份识别带来一定的难度和挑战。

针对图 2.13 中呈现的分布特点,本节将提出基于多中心代理损失的牛身份识别方法。该方法构造了类内多中心 SoftMax 损失函数,为特征聚类提供多个局部中心,降低特征的类内距离。此外,本节将提出基于类内多中心的类代理表征方法,设计 K 最近邻代理三元组(K - NNPT,K - Nearest Negative Proxy Triplet)。K - NNPT 三元组由样本、本类代理中心和 K 个最近邻类代理中心组成,无需额外的难负例样本采样策略。利用类内多中心 SoftMax 损失与 K - NNPT 损失联合监督训练模型,既学习到多个局部中心降低类内差距,又通过强制样本特征点远离 K 个最近邻类代理中心,来保证不同类别的样本之间的距离边界,进而达到改善特征空间分布、提高识别准确率的目的。

本节从理论上分析多中心代理损失函数中基于 K 最近邻代理中心的三元损失对于样本分布距离的约束性能,并制作了中国西门塔尔牛多视角图像身份识别数据集 CNSID100,在该数据集上进行了交叉验证。此外,针对真实养殖场景下多目标身份识别任务,本节给出目标检测模型、特征提取模型和分类模型相结合的完整应用算法框架,从图像中检测牛个体目标,之后分别提取其特征,利用 k-NN 分类器识别个体身份。为方便验证,在 2.1.2 节 MVCAIDRE 验证数据集采样场景上扩充了新的养殖场景,并制作了 CAIDRE 多目标身份识别数据集,验证了本节提出的基于多中心代理损失识别方法在真实养殖场景下多目标识别任务中的性能表现。

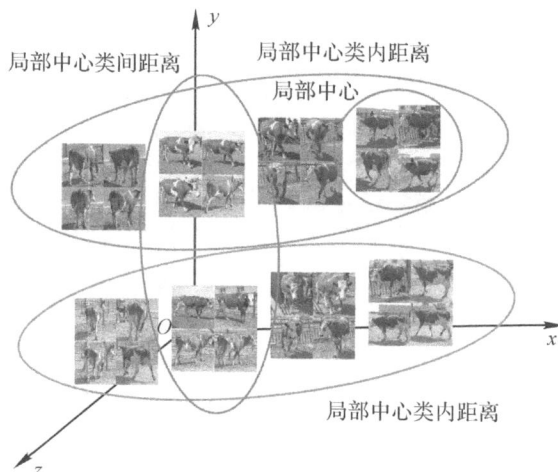

图 2.13　中国西门塔尔牛多视角图像分布特点

2.1.3.1　数据集制作

1. 中国西门塔尔牛身份识别数据集

中国西门塔尔牛(Chinese Simmental)原产自瑞士,由于其兼具良好的肉产品和奶产品质量,是目前我国畜牧业中重要的牛品种之一。中国西门塔尔牛皮肤色彩分布服从图灵反射-融合机理,兼具唯一性、不可替代性和采样便捷性,可以作为理想的生物学身份度量标准。

为满足自然环境下中国西门塔尔牛身份识别研究的需要,笔者制作了中国西门塔尔牛身份识别数据集 CNSID100。与 MVCAID100 数据集类似,CNSID100 数据集包含自然环境下中国西门塔尔牛多个视角、多种光照条件下的图像,符合真实养殖环境中牛个体身份识别的应用场景。

在内蒙古自治区包头市的合作牧场,笔者采集了 100 头中国西门塔尔牛自然状态下多视角图像,平均每头牛 100 余张,共计 11 635 张,并且进行了人工身份标定。数据集中每头牛至少含有前、后、左、右四个视角中的任意三个不同视角的图像。这均有助于在自然环境下通过任意视角识别中国西门塔尔牛的个体身份,便于在精准畜牧业牛养殖生产过程中连续、在线地识别牛个体身份。CNSID100 数据集的部分样本如图 2.14 所示。

从图 2.14 可以看出,当牛的视角、姿态及光照等条件发生变化时,一方面,牛的多视角图像分布呈现非常大的类内距离和较高的类间相似度;另一方面,在同一类别内部,随着成像条件、姿态变化产生了多个类内局部聚类中心,而且局部中心的分布较差。这均为特征空间聚类学习带来了较大的难度和挑战。

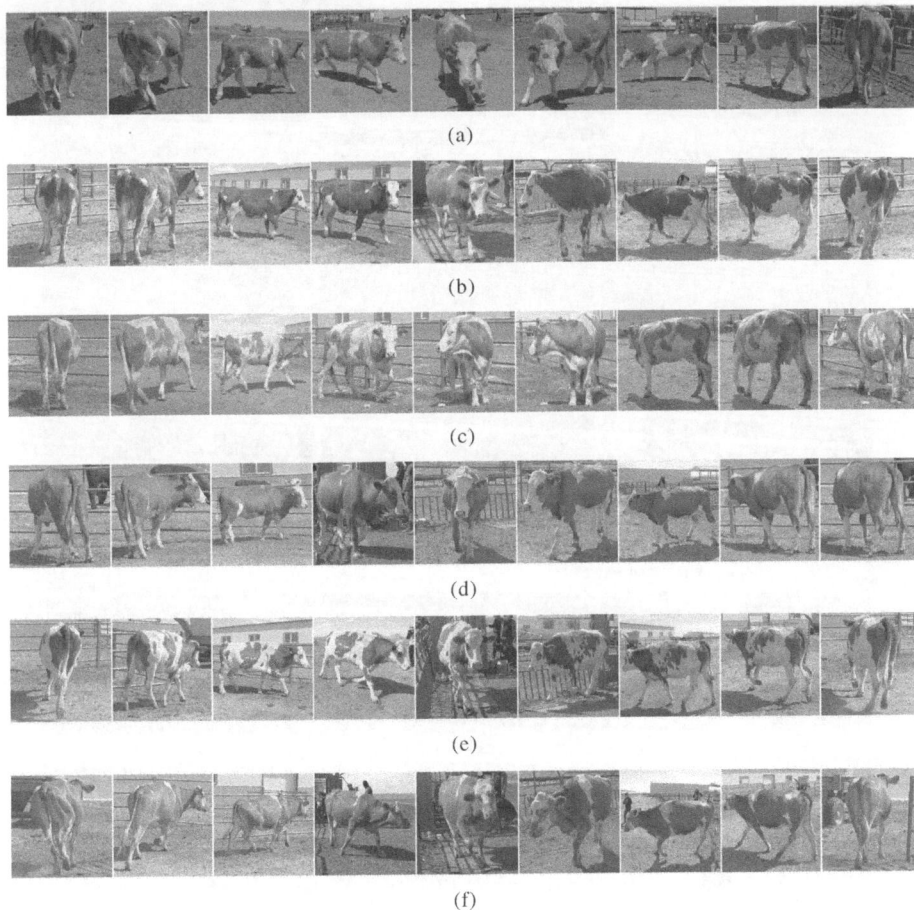

(a)

(b)

(c)

(d)

(e)

(f)

图 2.14　CNSID100 数据集样本

(a)211749155;(b)210265887;(c)210335867;(d)210379137;(e)210435859;(f)210487299

2. CAIDRE 多目标身份识别数据集

在真实养殖场景的监控视频图像上往往存在多个目标个体,实际的牛身份识别任务均为多目标身份识别任务。为展示算法在真实的养殖环境下多目标身份识别任务中的性能,笔者制作了真实场景多目标牛身份识别验证数据集 CAIDRE,样本如图 2.15 所示。

CAIDRE 数据集采样于牧场养殖生产环境,总共采集 383 张图像,牛的品种不限于中国西门塔尔牛,还包括中国荷斯坦奶牛,共计 27 头。从图 2.15 可以看出,CAIDRE 数据集更为接近真实的多目标识别场景,其中存在着牛个体之间、牛与牧场设施的相互遮挡,而且包含牛的站姿和卧姿等多种姿态下的图像。

本节利用目标检测标定工具 LabelImg 对 CAIDRE 数据集中的图像进行了牛目标位置和身份的标定,便于进行多目标身份识别任务中检测和识别性能的综合验证。数据集中每张图像至少包含 3 头牛,其典型示例如图 2.16 所示。

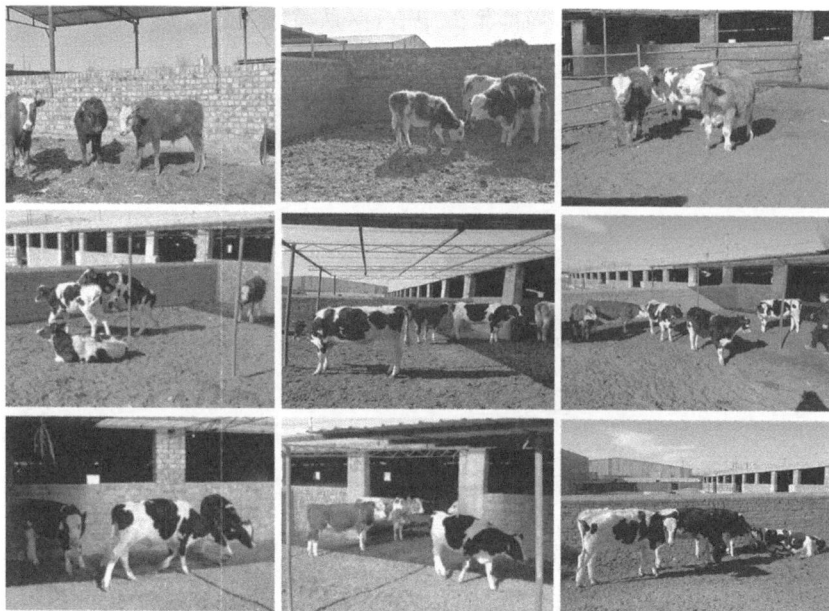

图 2.15　CAIDRE 数据集样本

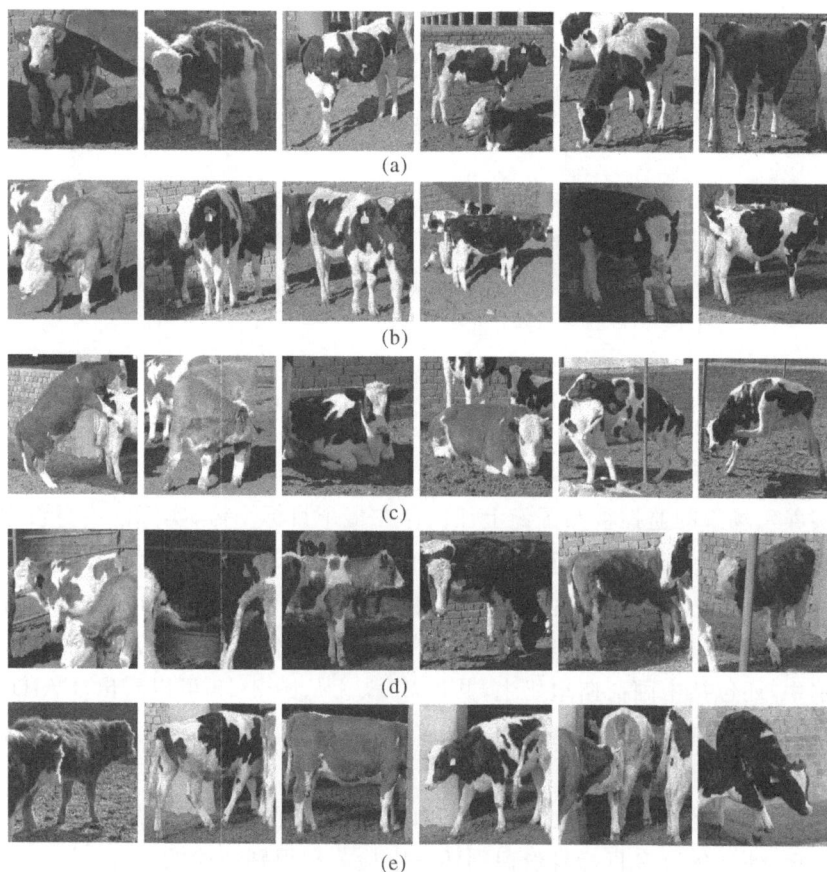

(a)

(b)

(c)

(d)

(e)

图 2.16　CAIDRE 数据集中牛个体目标示例

图 2.16 中的图像均是利用 YOLOv5s 目标检测模型,从多目标身份识别验证数据集 CAIDRE 中的图像上检测、剪裁和缩放得到。从图中可以清晰地看出,该数据集中牛个体图像更加接近实际养殖环境。首先,其中存在更为复杂的背景,如图 2.16(a)(b)所示;其次,存在牛的不同姿态,如站姿、卧姿及跪姿等,如图 2.16(c)所示;最后,存在真实养殖场景中较为普遍的遮挡现象,如牛个体之间的相互遮挡以及牛和牧场设施之间的部分遮挡,如图 2.16(d)(e)所示。这些特点均为多目标牛身份识别任务的研究带来难度和挑战。

2.1.3.2　基于多中心代理损失的识别算法

基于深度度量学习的牛身份识别方法研究中,核心任务是设计有效的损失函数学习具有可分辨性和可辨识性的特征分布,进而提高牛个体身份的识别准确率。自然环境中牛多视角图像随视角和姿态等变化呈现多个类内局部聚类中心,且中心之间存在类内距离大、类间距离小的不利分布。针对这一问题,本节将提出多中心代理损失函数(Multi-centroid Proxy Loss,MCPL),结合多中心 SoftMax 函数和 K 最近邻代理三元损失(K-Nearest Negative Proxy Triplet Loss,K-NNPT Loss),联合监督训练深度卷积神经网络模型,增强特征聚类能力,算法的结构如图 2.17 所示。

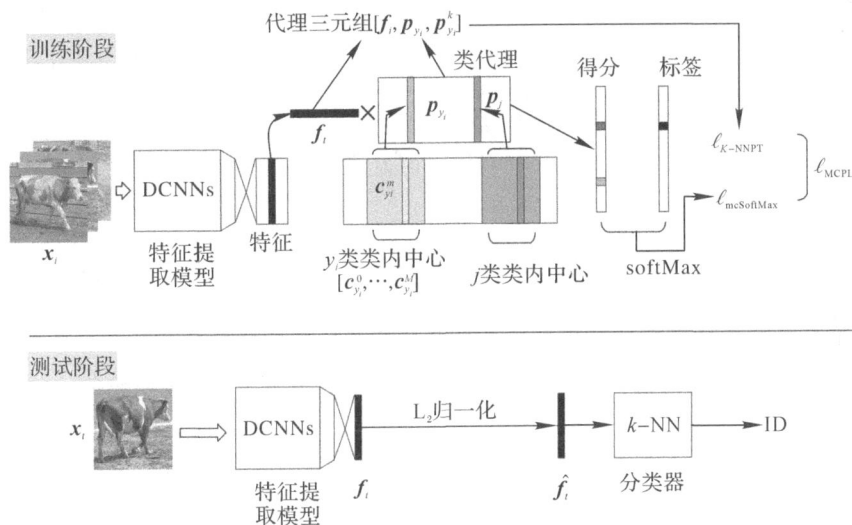

图 2.17　基于多中心代理损失的识别算法框架

从图 2.17 可以看出,本节提出的 MCPL 损失函数主要由两部分组成,分别为 Multi-centroid SoftMax 损失和 K 最近邻代理三元损失 K-NNPT。其中,Multi-centroid SoftMax 损失通过学习多个类内中心为聚类提供多局部中心,并给出了基于多中心的类代理(Proxy)表征方法。在此基础上,利用样本、正类代理和 K 最近邻类代理组成代理三元组,计算代理三元损失,通过样本和类代理间的距离约束来保证不同类的样本和样本间的分布间隔。在测试阶段,采用训练好的模型提取特征,利用 k-NN 分类器识别身份。

2.1.3.3　MCA 损失函数

1. 多中心 SoftMax 损失函数

受相关文献中 SoftTriple Loss 损失函数的启发,针对牛多视角图像分布中存在的多类内局部聚类中心的特点,本节将首先给出 Multi-centroid SoftMax 损失函数及基于多中心的类代理表征方法。

假设每个类别中有 M 个类内中心,如相关文献中分析所示,样本 $\boldsymbol{x}_i$ 的归一化特征 $\boldsymbol{f}_i$ 与 y_i 类的类代理中心的余弦相似度可以定义为

$$\left.\begin{array}{c} \max\limits_{m=1,\cdots,M} \boldsymbol{f}_i^{\mathrm{T}} \boldsymbol{c}_{y_i}^m \\ \boldsymbol{c}_{y_i}^m \in [\boldsymbol{c}_{y_i}^1, \cdots, \boldsymbol{c}_{y_i}^m, \cdots, \boldsymbol{c}_{y_i}^M] \end{array}\right\} \tag{2.16}$$

式中:$\boldsymbol{c}_{y_i}^m$——第 y_i 类的第 m 个归一化类内子中心,第 y_i 类类内共包含 M 个子中心(Sub-centroid)。

上述最大化求解问题,可以视为

$$\left.\begin{array}{c} \max\limits_{u \in \mathbb{U}} \sum\limits_{m=1}^{M} u_m \boldsymbol{f}_i^{\mathrm{T}} \boldsymbol{c}_{y_i}^m + \tau E(\mathbb{U}) \\ u \in \boldsymbol{R}^M \end{array}\right\} \tag{2.17}$$

式中: u——类内 M 个子中心的权重分布;

$\mathbb{U}$——权重分布集合,满足 $\mathbb{U} = \left\{ u \mid \sum\limits_{m=1}^{M} u_m = 1, \forall m, u_m \geq 0 \right\}$,$\tau$ 为熵正则系数;

$E(\mathbb{U})$—— 权重分布集合 $\mathbb{U}$ 的熵。

根据相关条件和 SoftTriple loss 中的相应的分析,式(2.17)中的权重分布 u 可以近似表示为

$$u_m = \frac{\exp\left(\frac{1}{\tau} \boldsymbol{f}_i^{\mathrm{T}} \boldsymbol{c}_{y_i}^m\right)}{\sum\limits_{j=1}^{M} \exp\left(\frac{1}{\tau} \boldsymbol{f}_i^{\mathrm{T}} \boldsymbol{c}_{y_i}^j\right)} \tag{2.18}$$

在此基础上,利用 y_i 类的多个类内子中心可以表征 y_i 类类代理中心 $\boldsymbol{p}_{y_i}$,其表示方法为

$$\boldsymbol{p}_{y_i} = \sum\limits_{m=1}^{M} \frac{\exp\left(\frac{1}{\tau} \boldsymbol{f}_i^{\mathrm{T}} \boldsymbol{c}_{y_i}^m\right)}{\sum\limits_{j=1}^{M} \exp\left(\frac{1}{\tau} \boldsymbol{f}_i^{\mathrm{T}} \boldsymbol{c}_{y_i}^j\right)} \boldsymbol{c}_{y_i}^m \tag{2.19}$$

由式(2.19)中可以看出,采用类内多中心构造类代理,可以为样本特征提供多个类内局部聚类中心。局部中心的增多,便于模型将图像 $\boldsymbol{x}_i$ 映射到特征空间中 y_i 类的合适的子中心周围,有助于缩小特征分布的类内距离,促进模型学习到分布更为致密的特征。

为了避免学习到冗余的类内多中心而降低其表征效率,类内多中心的稀疏化正则是非常必要的。稀疏且高效的类内多中心,既有助于保持类内特征分布的多样性,同时又能提高类代理表征的效率,进而提高多中心代理损失的监督性能。

对于第 j 类的第 m 个类内中心 $\boldsymbol{c}_j^m \in [\boldsymbol{c}_j^1, \cdots, \boldsymbol{c}_j^m, \cdots, \boldsymbol{c}_j^M]$,用 $\boldsymbol{D}_j^m$ 表示子中心 $\boldsymbol{c}_j^m$ 与同类的其他子中心的距离矩阵,其表示形式为

$$D_j^m = [c_j^1 - c_j^m, \cdots, c_j^M - c_j^m]^{\mathrm{T}} \tag{2.20}$$

若采用欧式距离来度量两个子中心间的距离,表示为 $\| c_j^s - c_j^t \|_2$,用距离矩阵 D_j^m 的 L_1 范数表示类内子中心的稀疏程度,则第 j 类的类内多中心稀疏正则 $R(c_j^1, \cdots, c_j^M)$ 可以表示为 D_j^m 的 $\mathrm{L}_{2,1}$ 正则,其形式为

$$R(c_j^1, \cdots, c_j^M) = \sum_{m=1}^{M} \| D_j^m \|_{2,1} \tag{2.21}$$

若利用样本 x_i 的特征 f_i 与 y_i 类的类代理 p_{y_i} 的内积作为其分类得分,则本节提出的 Multi-centroid SoftMax 的优化目标可以定义为

$$\ell_{\text{mcSoftMax}} = -\frac{1}{N} \sum_{i=1}^{N} \log \frac{\exp(r_{mc} f_i^{\mathrm{T}} p_{y_i})}{\sum\limits_{j=1}^{N_C} \exp(r_{mc} f_i^{\mathrm{T}} p_j)} + \lambda_{mc} \frac{\sum\limits_{j=1}^{N_C} R(c_j^1, \cdots, c_j^M)}{N_C M(M-1)} \tag{2.22}$$

式中: N_C ——类别数量, M 是每个类别类内中心数量;

　　λ_{mc} ——类内中心稀疏正则项系数;

　　r_{mc} ——用于控制投影超球面半径,以解决 NormFace 中提出的特征归一化带来的损失难以降低的问题。

从式(2.22)中可以看出,Multi-centroid SoftMax 损失函数的优化目标为最大化特征点与其对应的类代理的余弦相似度,即

$$\forall i, j, f_i^{\mathrm{T}} p_{y_i} \geqslant f_i^{\mathrm{T}} p_{y_j} \tag{2.23}$$

对于任意样本 x_i 的特征 f_i,Multi-centroid SoftMax 损失函数通过增加特征向量与类代理向量的余弦相似度来压缩同类样本特征分布的距离,进而加强同类特征聚类的致密程度。

2. K 最近邻代理三元损失函数

在利用类内多中心表征类代理的基础上,本节将提出 K 最近邻代理三元损失(K-NNPT Loss),由样本、正类代理和 K 个最近邻代理组成代理三元组来计算三元损失,进行类代理级的度量优化。

定义 2-1　若令 $\mathbb{P} = \{p_1, \cdots, p_y, \cdots, p_{N_C}\}$ 为数据集中 N_C 类数据的类代理集合, f_i 为锚样本 x_i 的特征向量,则 $\mathbb{P}_{K-\text{NN}}^i = \{p_i^1, p_i^2, \cdots, p_i^K\}$ 定义为 f_i 的 K 个最近邻代理集合,对于 $y_i \notin (1, 2, \cdots, K)$, $\mathbb{P}_{K-\text{NN}} \subset \mathbb{P}$,均满足 $d(f_i, p_{y_i}) \leqslant d(f_i, p_i^1) \leqslant d(f_i, p_i^2) \leqslant \cdots \leqslant d(f_i, p_i^K)$。其中, $d(\cdot, \cdot)$ 为向量间的度量距离。

在 f_i 的 K 个最近邻代理集合 $\mathbb{P}_{K-\text{NN}}^i$ 定义的基础上, K 最近邻代理三元损失函数定义为

$$\sum_{p_i^k \in \mathbb{P}_{K-\text{NN}}^i} \max\{0, d(f_i, p_{y_i}) - d(f_i, p_i^k) + \Delta_p\} \tag{2.24}$$

式中: Δ_p ——锚样本特征 f_i 与正类代理中心的距离和 f_i 与 K 最近邻代理中心距离之间的间隔。

若采用相似度度量, K 最近邻代理三元损失函数可表示为

$$\ell_{K\text{-NNPT}} = \sum_{\boldsymbol{p}_i^k \in \mathbb{P}_{K\text{-NN}}^i} \max\{0, \boldsymbol{f}_i^{\mathrm{T}} \boldsymbol{p}_i^k - \boldsymbol{f}_i^{\mathrm{T}} \boldsymbol{p}_{y_i} + \Delta_p\} \tag{2.25}$$

由式(2.25)中可以看出,引入 K 最近邻代理集合 $\mathbb{P}_{K\text{-NN}}^i$ 构造三元组来计算三元损失后,在模型的监督训练中无须像标准 Triplet Loss 损失函数一样需要额外的负样本采样策略辅助,可以方便地计算三元损失。这也是本节提出的多中心代理损失函数的优势之一。

3. 多中心代理损失函数

在上述分析的基础上,本节将提出多中心代理损失函数(MCPL),表示为

$$\ell_{\mathrm{MCPL}} = \ell_{\mathrm{mcSoftMax}} + \beta * \ell_{K\text{-NNPT}} \tag{2.26}$$

由式(2.26)中可以看出,多中心代理损失函数由 Multi-centroid SoftMax 损失和 K 最近邻代理三元损失两部分组成,系数 β 控制着 K 最近邻代理三元损失函数的学习速度。在 MCPL 损失函数中,Multi-centroid SoftMax 损失函数监督训练特征提取网络模型,学习多个类内局部中心,促使特征点分布于相应的中心周围,缩小类间距离。由于难例负样本聚集在相应的类代理聚类中,K 最近邻代理三元损失函数可以起到隐含的难负例挖掘作用,通过样本与类代理间的三元损失来进一步约束样本之间的分布。

多中心代理损失函数的性质如下。

性质 2.1 对于任意样本 $\boldsymbol{x}_i$ 的特征 $\boldsymbol{f}_i$,如果 $\ell_{K\text{-NNPT}} < \delta$,那么,有 $\boldsymbol{f}_i^{\mathrm{T}} \boldsymbol{p}_{y_i} - \boldsymbol{f}_i^{\mathrm{T}} \boldsymbol{p}_j > \Delta_p - \delta$,对于 $j = 1, 2, \cdots, N_C$,且 $j \neq y_i$ 成立。

证明 K 最近邻代理三元损失函数的优化目标为 $\boldsymbol{f}_i^{\mathrm{T}} \boldsymbol{p}_{y_i} - \boldsymbol{f}_i^{\mathrm{T}} \boldsymbol{p}_i^k > \Delta_p$,若 $\ell_{K\text{-NNPT}} < \delta$,根据 K 最近邻集合定义 $\mathbb{P}_{K\text{-NN}}^i = \{\boldsymbol{p}_i^1, \boldsymbol{p}_i^2, \cdots, \boldsymbol{p}_i^K\}$,显然满足

$$\boldsymbol{f}_i^{\mathrm{T}} \boldsymbol{p}_{y_i} - \boldsymbol{f}_i^{\mathrm{T}} \boldsymbol{p}_j > \boldsymbol{f}_i^{\mathrm{T}} \boldsymbol{p}_{y_i} - \boldsymbol{f}_i^{\mathrm{T}} \boldsymbol{p}_i^K > \cdots > \boldsymbol{f}_i^{\mathrm{T}} \boldsymbol{p}_{y_i} - \boldsymbol{f}_i^{\mathrm{T}} \boldsymbol{p}_i^1 > \Delta_p - \delta \tag{2.27}$$

证毕。

性质 2.2 给定 y_i 类中两个样本 $\boldsymbol{x}_{i_1}$、$\boldsymbol{x}_{i_2}$ 的特征 $\boldsymbol{f}_{i_1}$、$\boldsymbol{f}_{i_2}$,y_j 类样本 $\boldsymbol{x}_j$ 的特征 $\boldsymbol{f}_j$,且 $i \neq j$,若 $\boldsymbol{f}_{i_1}$、$\boldsymbol{f}_{i_2}$ 有相同的最近邻负代理 $\boldsymbol{p}_{y_j}$,$\ell_{K\text{-NNPT}} < \delta$,则根据性质 2.1 有,$\boldsymbol{f}_i^{\mathrm{T}} \boldsymbol{p}_{y_i} - \boldsymbol{f}_i^{\mathrm{T}} \boldsymbol{p}_{y_j} > \Delta_p - \delta$,且对于 $\forall i$,当 $\| \boldsymbol{f}_i - \boldsymbol{p}_{y_i} \|_2 \leqslant \theta$ 时可得

$$\boldsymbol{f}_{i_1}^{\mathrm{T}} \boldsymbol{f}_{i_2} - \boldsymbol{f}_{i_1}^{\mathrm{T}} \boldsymbol{f}_j \geqslant \Delta_p - \delta - 2\theta \tag{2.28}$$

证明
$$\begin{aligned}
\boldsymbol{f}_{i_1}^{\mathrm{T}} \boldsymbol{f}_{i_2} - \boldsymbol{f}_{i_1}^{\mathrm{T}} \boldsymbol{f}_j &= \boldsymbol{f}_{i_1}^{\mathrm{T}} (\boldsymbol{f}_{i_2} - \boldsymbol{p}_{y_i}) + \boldsymbol{f}_{i_1}^{\mathrm{T}} \boldsymbol{p}_{y_i} - \boldsymbol{f}_{i_1}^{\mathrm{T}} \boldsymbol{f}_j \\
&\geqslant \boldsymbol{f}_{i_1}^{\mathrm{T}} (\boldsymbol{f}_{i_2} - \boldsymbol{p}_{y_i}) + \boldsymbol{f}_{i_1}^{\mathrm{T}} (\boldsymbol{p}_{y_j} - \boldsymbol{f}_j) + \Delta_p - \delta \\
&\geqslant \Delta_p - \delta - \| \boldsymbol{f}_{i_1} \|_2 \| \boldsymbol{f}_{i_2} - \boldsymbol{p}_{y_i} \|_2 - \| \boldsymbol{f}_{i_1} \|_2 \| \boldsymbol{p}_{y_j} - \boldsymbol{f}_j \|_2 \\
&= \Delta_p - \delta - \| \boldsymbol{f}_{i_2} - \boldsymbol{p}_{y_i} \|_2 - \| \boldsymbol{f}_j - \boldsymbol{p}_{y_j} \|_2 \geqslant \Delta_p - \delta - 2\theta
\end{aligned}$$

证毕。

从性质 2.1 和性质 2.2 中可以看出,本节提出的多中心代理损失函数通过约束特征与正代理中心相似度和特征与异类代理中心相似度之间的距离边界,最终可以达到度量学习任务中约束样本和异类样本之间的分布间隔的目的。此外,Multi-centroid SoftMax 损失函数为特征聚类提供了多个类内中心,有助于进一步缩小类间差距 θ,进而提高同类样本的

相似度与不同类样本的相似度之间差距的下界,进而增强分布的可分辨和可辨识性。

在模型训练阶段,基于多中心代理损失函数的模型优化详细过程如算法 2.2 所示。

算法 2.2　基于 MCPL 损失的模型优化方法

---

(1) 采用 ImageNet 分类任务权重初始化特征提取模型;

(2) **for** ep＝1 **to** num_epochs **do**

(3)　　**for** $\{x_i\} \subset \mathbb{X}$ **do**

(4)　　　　$f_i = F(x_i; \theta)$; //提取图像特征

(5)　　　　利用式(2.19)计算并构造批次内样本的类代理集合 $\mathbb{P}_b$;

(6)　　　　利用式(2.22)计算损失 $\ell_{\mathrm{mcSoftMax}}$;

(7)　　　　在批次内构造 f_i 的 K 最近邻代理集合 $\mathbb{P}_{K\text{-}NN}^i = \{p_i^1, p_i^2, \cdots, p_i^K\}$;

(8)　　　　利用式(2.25)计算 K 最近邻代理三元损失 $\ell_{K\text{-}NNPT}$;

(9)　　　　利用式(2.26)计算多中心代理损失 ℓ_{MCPL};

(10)　　　　反向传播优化特征提取模型的参数;

(11)　　**end for**

(12) **end for**

2.1.3.4　多中心代理损失监督性能评价

为验证本节提出的多中心代理损失在自然环境下牛身份识别任务中的性能,本节在中国西门塔尔牛身份识别数据集 CNSID100 上开展了 2 重交叉验证,在开集率为 50% 条件下进行了算法性能测试实验。以人脸识别中取得优异性能的代表性算法 Triplet Loss、ArcFace 以及多视角图像识别模型 SoftTriple Loss 作为对比实验的基准,进行了对比验证。此外为测试本节提出的基于 MCPL 的识别方法在养殖应用场景下的适应性,本节将给出结合目标检测模型、特征提取模型和分类模型的完整多目标牛身份识别算法框架。该算法框架在真实场景多目标身份识别验证数据集 CAIDRE 上进行了实验,进一步验证了模型在存在复杂背景、多姿态以及部分遮挡条件下的多目标身份识别性能。

1. 模型训练基本参数设置

实验中,训练和测试的主要硬件采用一块 NVIDIA RTX2080Ti GPU,算法平台基于 UBUNTU 18.04 和 Pytorch 1.7.1 搭建。对比实验的模型基准选用 Triplet Loss、ArcFace 和 SoftTriple Loss,与本节提出的多中心代理损失在数据集 CNSID100 上、开集率为 50% 的条件下训练特征提取模型,之后采用 k-NN 对特征分类识别牛的身份。

CNSID100 数据集划分方式与 2.1.2 节中 MVCAID100 数据集划分相同,采用 50% 的牛作为可见身份集训练特征提取模型,其余 50% 作为不可见身份集用于模型验证,不参与模型训练和参数调整。对于 k-NN 分类器,将不可见集中每类的样本按照 7∶3 随机划分为 k-NN 训练集和测试集。

本节采用深度卷积神经网络模型 ResNet50 作为特征提取模型,采用 ImageNet 数据集分类任务权重进行初始化。图像输入大小为 224×224 像素,采用随机擦除作为数据增强方法。多中心代理损失函数中 K 最近邻代理三元损失 K - NNPT Loss 与 FaceNet 中三元损失 Triplet Loss 不同,无须进行难负例样本采样。采样时,批次的大小设置为 64,在每个批次中利用锚样本、正类代理和 K 最近邻负代理构成代理三元组来计算损失。

模型的最后一层全连接层修改为内积操作,参照 SoftTriple Loss 模型,输出设置为 384,提取到的特征维度 d 为 384 维。训练时,输出的特征送入 Multi - centroid SoftMax,学习多个聚类中心并计算交叉熵损失。利用类内多中心表征类代理,并将特征向量和相应的正类代理、K 最近邻负代理组成代理三元组,计算 K 最近邻代理三元损失。最后,MCPL 损失通过反向传播算法优化模型参数,详细训练过程如算法 2.2 中的流程所示。

优化方法采用 Adam、模型参数优化的学习率初始值设置为 1×10^{-3},多中心参数优化的学习率初始值设置为 1×10^{-3}。学习率衰减策略采用指数衰减,衰减率为 0.95。迭代训练 200 轮,模型损失在 50 轮后趋于稳定。

测试时,利用训练好的 ResNet50 模型提取未见身份集的图像特征,未见集样本图像输入特征提取模型,输出 384 维特征向量。之后,利用 k - NN 分类器($k=5$,采用欧氏距离度量)识别未见集中测试集图像的身份,准确率取训练 50 轮稳定后的最高识别准确率。

2. 类内多中心数量测试

类内多中心的数量对于多中心代理损失函数有着重要的作用,影响着类内特征多样性的学习。直观来讲,类内多中心数量越多,将为特征学习提供更多的类内局部中心,越有利于缩小特征的类内差距。然而过多的类内中心不仅会显著增加模型训练的参数,而且会造成类内局部中心的冗余,进而降低类内中心的特征表征能力。

本节通过改变类内多中心的数量 M,从 $M=1$(单中心)开始逐步增加,来对比验证类内中心数量 M 的变化对于模型识别性能的影响。与此同时,结合类内多中心数量测试实验,开展了多中心稀疏化正则项性能分析实验。详细的实验结果如图 2.18 所示。

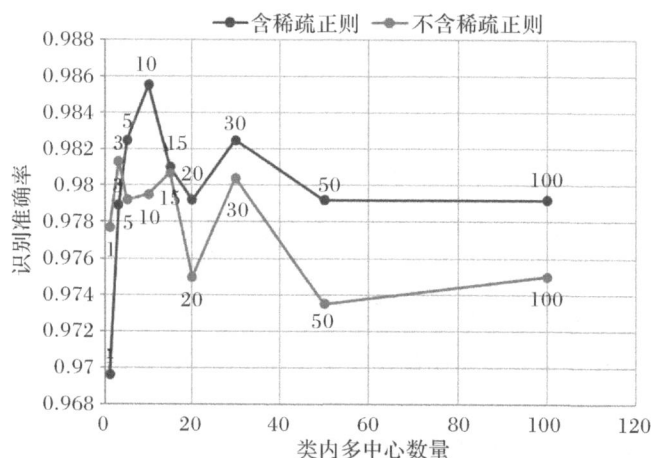

图 2.18 中心学习及稀疏正则项性能分析

从图 2.18 可以看出,当类内多中心的数量 M 从 1 增加到 10 时,模型的识别准确率不断提高,在 $M=10$ 时达到最高,表明类内多中心的学习对于模型的重要性。当 $M>10$ 时,随着多中心数量 M 持续增加,准确率开始有所下降,从中可以看出数量冗余的类内多中心降低了学习效率，进而影响了识别准确率。

此外，从图 2.18 中还能够看出，当 $M<5$、类内中心数较少时，式（2.22）中的多中心稀疏正则化作用较小。然而，若中心数 M 持续增加，多中心稀疏正则化的性能开始显现。其通过约束类内局部中心的优化条件，促使模型学习到具有稀疏性和独立性的类内中心，进而提高了各类内中心的表征能力，增强了对模型学习的监督效率。在本节后续的实验中，如无特殊说明，多中心数据量 $M=10$。

3. 多中心代理损失监督性能消融实验

为深入剖析多中心学习及代理三元损失函数对于模型性能的作用，本节做了消融实验，来验证 Multi-centroid SoftMax 损失函数和 K 最近邻代理三元损失函数对模型性能的影响和作用。

本节分别测试了单中心 SoftMax、Multi-centroid SoftMax 损失函数的性能，以及其分别结合 K 最近邻代理三元损失联合监督下的模型性能。通过对比实验，验证了多中心代理损失函数在 50% 开集率下牛多视角图像身份识别中的效果，实验结果见表 2.8。

表 2.8　MCPL 监督性能消融实验结果

方　法	平均准确率：[Min, Max]
SoftMax (Single Centroid)	96.84：[96.5，97.17]
SoftMax+K-NNPT	96.96：[96.44，97.47]
Multi-centroid SoftMax	97.29：[96.86，97.71]
MCPL	98.55：[98.13，98.97]

从表 2.8 中首先可以看出多中心学习为模型的性能带来非常大的提升，仅 Multi-centroid SoftMax 损失函数监督模型，结果就超过了单中心 SoftMax 和 K 最近邻代理三元损失联合监督训练的性能。此外，K 最近邻代理三元损失对于识别准确率的提升也有明显的效果。无论是单中心 SoftMax，还是 Multi-centroid SoftMax 损失函数，增加 K 最近邻代理三元损失之后，均有效地确保了不同类样本间的相互距离，很好地改善了特征分布，增强了聚类能力，进而明显地提高了身份识别的准确率。

4. 主流算法对比实验

在对比实验中，本节将采用人脸识别任务中 Triplet Loss、ArcFace 以及 SoftTriple Loss 模型作为对比实验的基准。在 CNSID100 数据集上、开集率为 50% 的条件下，训练特征提取模型 ResNet50，利用 k-NN 分类器识别牛个体身份，进而验证本节提出的多中心代理损失函数在自然环境下中国西门塔尔牛身份识别任务中的性能。

实验中，Triplet Loss 损失函数，其超参数边界余量 Δ 设置为 0.5。采样策略采用 FaceNet 中提出的批内难负例样本采样策略。优化器采用 Adam，模型参数优化学习率初始值设置为 1×10^{-3}，学习率衰减策略采用指数衰减，衰减率为 0.95。批次的大小设置为

64,训练 200 轮。

ArcFace 损失函数主要包含两个超参数。其中角度边界 Δ_a 表示特征与同类类中心的角度和特征与异类中心角度之间的边界余量,半径 r_a 代表归一化超球面半径,用于解决 NormFace 中提出的特征归一化带来的损失难以降低的问题。经实验,角度边界 Δ_a 设置为 0.1,投影半径 r_a 设置为 32。优化器采用 Adam,模型参数优化学习率初始值设置为 $1×10^{-3}$,学习率衰减策略采用指数衰减,衰减率为 0.95。批次的大小设置为 64,训练 200 轮。

SoftTriple Loss 优化目标表示为

$$\min\left\{-\frac{1}{N}\sum_{i=1}^{N}\log\frac{\exp\left[r_{st}(\boldsymbol{f}_i^T\boldsymbol{p}_{y_i}-\Delta_{st})\right]}{\exp\left[r_{st}(\boldsymbol{f}_i^T\boldsymbol{p}_{y_i}-\Delta_{st})\right]+\sum_{j\neq y_i}^{N_C}\exp(r_{st}\boldsymbol{f}_i^T\boldsymbol{p}_j)}+\lambda_{st}\frac{\sum_{j=1}^{N_C}R(\boldsymbol{c}_j^1,\cdots,\boldsymbol{c}_j^M)}{N_CM(M-1)}\right\}$$

(2.29)

式中:$\boldsymbol{p}_{y_i}$——类代理;

Δ_{st}——特征与正类代理的相似度和其与异类代理相似度边界;

λ_{st}——稀疏正则系数。

实验中,投影半径 $r_{st}=24$,Δ_{st} 设置为 0.01。多中心稀疏正则系数 λ_{st} 设置为 0.2,类代理中心 $\boldsymbol{p}_{y_i}$ 中熵正则系数 τ 设置为 0.05,类别数量为 N_C,类内多中心数 M 设置为 10。优化器采用随机梯度下降(SGD),冲量设置为 0.9,权重衰减率设置为 0.000 4。模型参数优化的学习率初始值设置为 $1×10^{-3}$,多中心学习率的初始值设置为 $1×10^{-3}$,学习率衰减策略采用指数衰减,衰减率设置为 0.95。批次的大小设置为 64,训练 200 轮。

本节提出的多中心代理损失函数中,投影半径 $r_{mc}=24$,多中心稀疏正则系数 λ_{mc} 设置为 0.2,类代理 $\boldsymbol{p}_{y_i}$ 中熵正则系数 τ 设置为 0.1,类内多中心数 M 设置为 10。K 最近邻代理三元损失系数 β 设置为 0.1,控制代理三元组作用速度。其最近邻代理数量 K 设置为 2,采用前 2 位的最近邻代理构造三元组,样本和正、负类代理的相似度边界 Δ_p 设置为 0.4。优化方法采用 Adam,模型参数优化的学习率初始值设置为 $1×10^{-3}$,多中心学习率的初始值设置为 $1×10^{-3}$,学习率衰减策略选择指数衰减,衰减率为 0.95。迭代训练 200 轮,模型的损失在迭代 50 轮后趋于稳定。

在上述设置下,本节算法提出的多中心代理损失与 Triplet Loss、ArcFace 以及 SoftTriple Loss 方法对比,实验结果见表 2.9。

表 2.9 主流算法对比实验结果

方　法	平均准确率:[Min, Max]
Triplet Loss	93.45:[91.72, 95.17]
ArcFace	97.59:[96.74, 98.43]
SoftTriple	97.59:[97.22, 97.95]
MCPL	98.55:[98.13, 98.97]

从表 2.9 中可以看出,本节提出的基于多中心代理损失的识别方法在 CNSID100 数据集上获得了最高的识别准确率,充分体现出多中心学习结合代理三元损失在特征分布学习中有效的监督性能。

5. OpenCows2020 数据集识别性能验证

布里斯托大学 William Andrew 等研究人员公开了 OpenCows2020 数据集。其中,包含了室内、室外环境下利用置顶相机或无人机采集的 46 头牛、共计 4 376 张牛背部图像(Dorsal Images)。

为了验证本节提出的多中心代理损失在其他公开牛身份识别数据集上的性能,本节采用相关文献中相同的实验标准,与 William Andrew 等研究人员提出的 SoftMax-based Reciprocal Triplet Loss 在 OpenCows2020 数据集上进行了对比实验。本节采用 m 重交叉验证($m=2$),在 OpenCows2020 上训练 ResNet50 模型。ResNet50 模型最后一层全连接层改为输出是 128 的内积层,输出特征维度与 SoftMax – based Reciprocal Triplet Loss 相同,均为 128 维。

在 ResNet50 模型训练时,MCPL 损失函数中,投影半径 $r_{mc}=24$,多中心稀疏正则系数 λ_{mc} 设置为 0.2,代理中心 $\boldsymbol{p}_{y_i}$ 中熵正则系数 τ 设置为 0.1。由于 OpenCows2020 数据集仅包含牛单视角背部图像,与本节数据集中多视角图像相比,内部局部中心数量较少,通过实验验证,多中心数量 M 为 5 时,模型性能最好。此外 K – NNPT 损失作用控制系数 β 设置为 0.2,最近邻代理数量 K 设置为 2,采用前 2 位的最近邻代理构造三元组。样本和正、负类代理的相似度边界 Δ_p 设置为 0.2。优化方法采用随机梯度下降法,冲量设置为 0.9,权重衰减率设置为 0.000 4。模型参数的学习率初始值设置为 1×10^{-3},多中心学习率的初始值设置为 1×10^{-2},学习率衰减策略使用指数衰减法,衰减率为 0.95。批次的大小为 96,迭代训练 200 轮,模型损失在 50 轮后趋于稳定,实验结果见表 2.10。

表 2.10　OpenCows2020 对比实验结果(开集率 50%)

方　　法	平均准确率:[Min, Max]
SoftMax – based Reciprocal Triplet Loss	98.19:[97.58, 98.79]
MCPL	98.59:[97.99, 99.19]

从表 2.10 中可以看出,基于本节提出的多中心代理损失训练完成的 ResNet50 模型,在 OpenCows2020 数据集上取得了非常好的性能,其表现超过了相关文献中提出的 SoftMax – based Reciprocal Triplet Loss 损失函数。这一结果证明了本方法在其他视角图像上的识别能力,验证了其在自然环境下牛身份识别应用中的普遍适应性。

6. 真实场景多目标识别任务性能验证

在真实养殖场景中,现场图像普遍存在牛的姿态变化、互相遮挡以及背景干扰等现象,更重要的是在真实养殖场景的监控中,图像上往往存在多个牛目标个体,实际的牛身份识别任务均为多目标身份识别任务。

为了验证基于多中心代理损失的识别方法在更加接近真实的养殖环境下多目标身份识

别任务中的性能,本节将制作真实场景多目标牛身份识别验证数据集 CAIDRE。真实场景验证数据集 CAIDRE 按照 3:1 划分为训练集和测试集。测试集包含 91 张养殖现场图像,样本如图 2.15 所示。CAIDRE 中的图像上均包含多个牛个体目标,个体目标区域的图像背景干扰大、目标的姿态变化多样而且互相之间存在遮挡现象,如图 2.16 所示。

针对真实养殖环境下监控图像中的多目标身份识别任务,本节将设计结合目标检测模型、特征提取模型和分类模型为一体的多目标牛身份识别算法框架。算法的完整结构如图 2.19 所示。

图 2.19 中给出了真实场景下监控图像多目标身份识别的完成流程。首先,现场监控图像输入目标检测模型,检测图像中的牛个体目标区域。之后,检测出的个体目标区域图像分别输入特征提取模型提取各目标区域图像的特征。其中,特征提取模型为利用本节 CMPL 损失训练的深度卷积神经网络模型。最后,各个目标区域图像的特征利用 k-NN 分类器分类,得到牛个体身份,实现真实养殖环境下监控图像中的多目标身份识别任务。

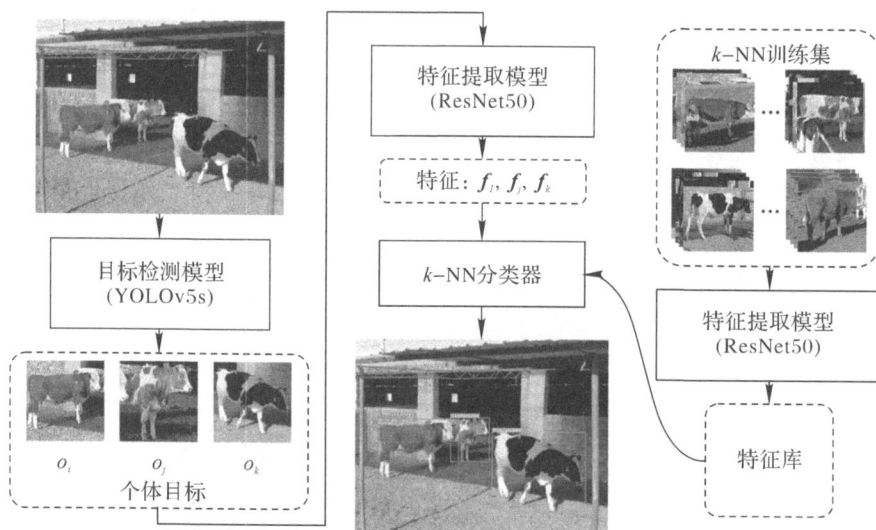

图 2.19 多目标身份识别算法框架

在多目标身份识别算法框架中,目标检测模型采用 YOLOv5s 模型,利用公开的权重对其进行初始化,检测现场监控图像中的牛个体目标区域。之后,将牛个体目标所在区域的图像统一缩放到 224×224 像素并输入特征提取模型提取特征。特征提取模型采用在 CNSID100 数据集上、开集率为 50% 的条件下训练好的、准确率为 98.97% 的 ResNet50 模型,来提取牛个体目标所在区域图像的特征。

在该算法框架中,首先需要利用 CAIDRE 训练集构建特征库。实验过程中将 CAIDRE 的训练集图像输入 YOLOv5s 目标检测模型,检测出 450 张牛个体目标区域图像。利用 ResNet50 提取上述 450 张个体目标区域图像的特征,作为 k-NN 分类器的特征库。

牛身份识别时,将 CAIDRE 测试集中的图像输入 YOLOv5s 目标检测模型检测个体目标区域。之后利用上述 ResNet50 模型提取相应目标区域图像的特征,并将其输入 k-NN

分类器(k 设置为 2)与特征库内的特征进行 k 近邻分类,识别相应区域的个体身份。

在真实养殖应用中,现场监控图像多目标牛身份识别算法的详细流程如算法 2.3 所示。

算法 2.3　多目标身份识别算法流程

(1) 利用公开的权重初始化 YOLOv5s 目标检测模型;

(2) 利用 MCPL 训练得到的参数初始化特征提取模型 ResNet50;

(3) 将 CAIDRE 训练集图像送入 YOLOv5s 检测牛个体目标$\{o_t, t = 1, 2, \cdots, N_{ot}\}$;

(4) 将$\{o_t, i = 1, 2, \cdots, N_{ot}\}$缩放到 224×224;

(5) 将(4)中图像输入(2)中 ResNet50 提取特征,构成 k-NN 分类器特征库;

(6) 将 CAIDRE 测试图像输入 YOLOv5s 检测牛个体目标$\{o_v, v = 1, 2, \cdots, N_{ov}\}$;

(7) 将$\{o_v, v = 1, 2, \cdots, N_{ov}\}$缩放到 244×244;

(8) 将(7)中图像输入(2)中 ResNet50 提取特征;

(9) 将(8)中的特征输入 k-NN 分类器识别身份

按照算法 2.3 中给出的多目标身份识别算法流程,本节在 CAIDRE 数据集上验证了本节提出的识别方法在多目标身份识别任务中的性能。首先,对于目标检测任务,基于公开权重的 YOLOv5s 目标检测模型在交并比为 0.5 的条件下,牛检测全类平均精度(mAP)在 CAIDRE 数据集上达到了 99.1%。在该平均精度的基础上,结合目标检测模型、特征提取模型和 k-NN 分类器的多目标身份识别算法的识别准确率和召回率如图 2.20 所示。

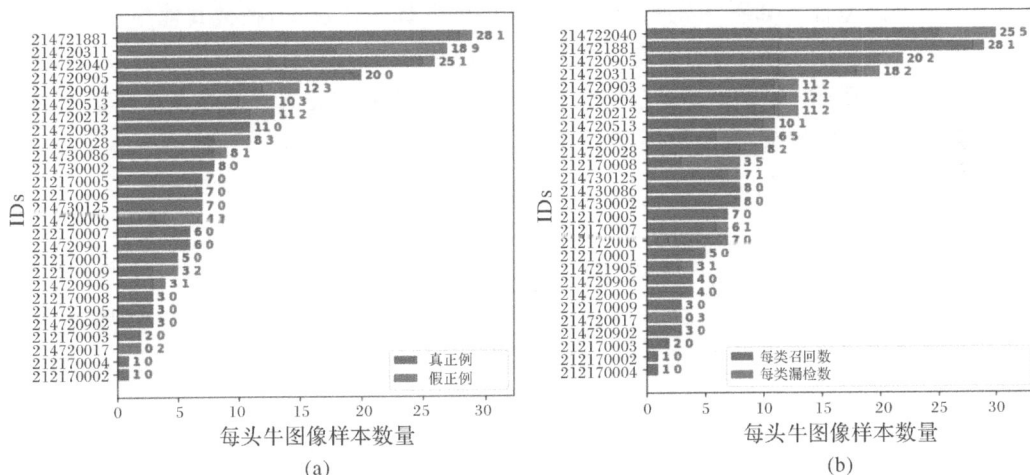

图 2.20　多目标身份识别准确率和召回率(91 张现场图像,27 头牛)

(a)多目标身份识别准确率;(b)多目标身份识别召回率

图 2.20 中给出了本节提出的多目标身份识别算法在 CAIDRE 测试集中所有 27 头牛的识别准确率和召回率。鉴于目标检测模型的良好性能表现,本节提出的多目标身份识别算法在交并比为 0.5 的条件下,识别平均准确率达到 88.14%,识别平均召回率达到 86.43%,详细结果如图 2.20 所示。从统计数据中可以看出,虽然特征提取模型 ResNet50 是在无牛和牛、牛和设施遮挡的 CNSID100 数据集上训练完成的,但是其在更加真实的复杂

场景下、牛多变的姿态下以及牛和设施遮挡条件下的多目标身份识别任务中,仍然能够取得较好的识别性能。其中典型的现场识别效果如图 2.21 所示。

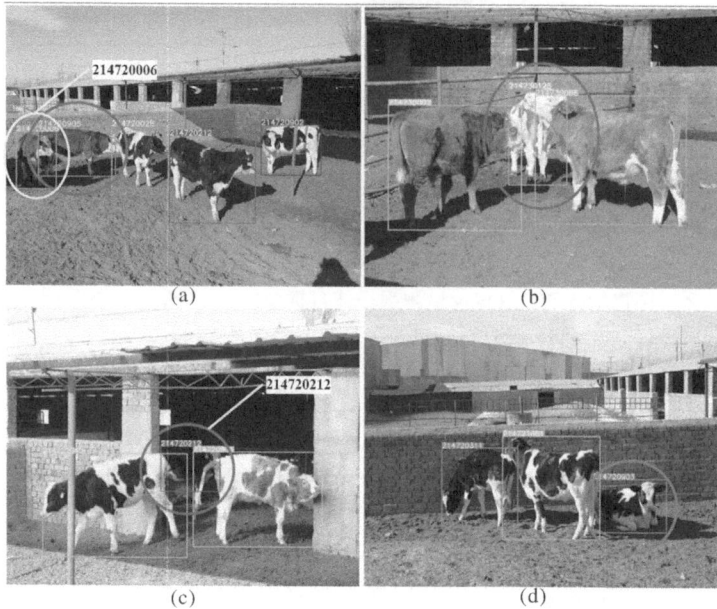

图 2.21　多目标身份识别任务验证效果

从图 2.21 可以看出,本节提出的多中心代理损失函数对于新的场景、新个体以及更为复杂的环境的适应性。如图 2.21(a)~(c)中圈出的目标个体所示,在被其他牛或养殖设施部分或大部分遮挡的场景下,本节提出的方法仍然能够正确识别。此外,如图 2.21(d)中圆圈圈出的目标牛所示,本节提出的方法对于在自然环境中不同姿态下的牛也能够正确识别。同时,目标在远离镜头[见图 2.21(c)中 214720212]、尺度较小[见图 2.21(a)中 214720006]的条件下,模型也都能够正确识别。这均足以证明基于 MCPL 的识别方法能够有效地适用于养殖场景,能够满足更为真实的生产环境下多目标身份识别的需要。

多目标识别任务的实时性也是现场应用的重要考核指标。在识别的实时性上,本节也将给出相应的测试结果。本实验的硬件平台主要配置为:CPU 采用 Intel i9 处理器,GPU采用 NVIDIA 2080TI,内存为 64 GB。在此硬件平台上,多任务身份识别算法的耗时及详细指标见表 2.11。

表 2.11　多目标识别算法性能和算法硬件配置

算法性能	mAP@0.5	99.1	目标检测任务
	Precision	88.14	检测和识别任务
	Recall	86.43	检测和识别任务
	目标检测算法耗时	8.9 ms/张	112 帧/s
	特征提取和分类耗时	21.2 ms/张	47 帧/s
硬件配置	CPU：Intel i9	GPU：NVIDIA 2080TI	Memory：64 GB
软件平台	UBUNTU 18.06	Python 3.6	Pytorch 1.7.1

从表 2.11 中可以看出,目标检测、特征提取及身份分类识别等环节整体平均耗时约为 30 ms,识别速度能够达到 30 帧/s。在没有专业模型部署平台的基础上,也能够满足实时身份识别的要求。这进一步说明,本节提出的多目标身份识别算法框架能够满足精准畜牧业牛养殖生产中实时、连续身份识别的应用要求。在此基础上,可以基于专业的深度学习部署平台部署目标检测、特征提取和分类模型,提高模型运算效率,进一步扩展监控通道数、提高实时性,充分利用硬件资源,满足于真实养殖生产中多通道监控下实时识别的要求。

本节提出的多目标牛身份识别算法在 CAIDRE 数据集上取得了较好的效果,但是鉴于背景复杂、互相遮挡等因素,多目标身份识别方法的识别结果中仍然存在一些典型的错误,详细示例如图 2.22 所示。

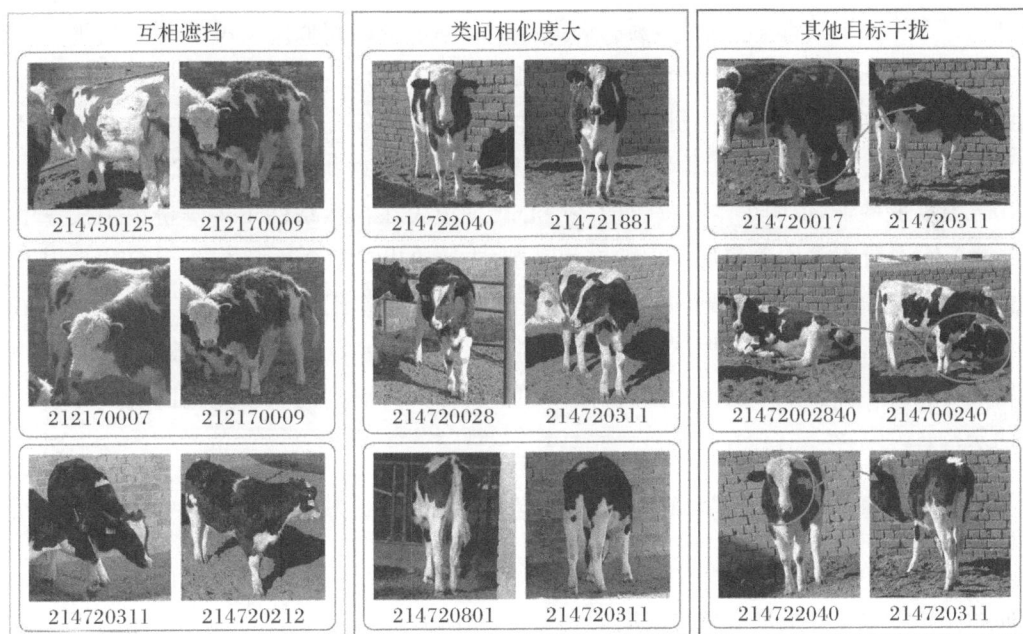

图 2.22　多目标识别中典型错误示例

在图 2.22 中,图像对的左边图例为测试图像,右边图例为模型的错误预测身份图像。从图中可以看出,在真实养殖场景中更为自然的状态下牛身份识别任务中,模型识别存在三类典型的错误。

第一种是由于目标被其他牛或设施遮挡而导致的全局特征丢失,进而造成了局部特征主导分类而产生识别错误。典型的如图 2.22 中,牛 214730125 被其他牛部分遮挡,剩余部分图像与牛 212170009 的侧身图像相似度非常高,从而导致了将其错误识别为牛 212170009。

第二种典型原因是牛之间呈现出较高的类间相似度,导致识别错误,这也是利用牛自然状态下多视角图像进行身份识别的突出难点问题。典型的如图 2.22 中,牛 21472040 的正面图像与牛 214721881 正面图像的相似度较高,类间距离非常小,导致了错误识别。

第三种典型错误是由于真实场景中的复杂背景造成,即其他身份的牛出现在目标牛的背景中或目标牛的局部出现在了其他牛的图像中,导致在特征提取及分类时产生干扰。典型的如图 2.22 中,目标牛 214722040 的头部侧脸图像,出现在了牛 214720311 的图像中,干扰了特征提取和分类,将目标牛 214722040 错误的识别为牛 214720311。上述典型的识别错误,均需要不断地提高模型的全局和重要局部细节特征学习能力,进而学习到更加致密的类内分布,提高特征分布的聚类性能,并持续加大类间特征之间的分布差距,提高可分辨性。

自然环境下牛的多视角图像,随着视角、姿态、光线和背景等的变化,会形成多个类内局部聚类中心,而且类内局部中心之间的距离较大,类间局部中心之间又呈现较高的相似度。针对这一问题,本节提出将基于多中心代理损失的牛身份识别方法,利用 Multi-centroid SoftMax 损失函数和 K 最近邻代理三元损失联合监督训练深度卷积神经网络模型提取图像特征。一方面,Multi-centroid SoftMax 损失函数监督模型,学习多个类内中心,通过为特征提供多个类内局部聚类条件,提高同类特征之间的类内相似度。K 最近邻代理三元损失利用样本和正类代理、K 个最近邻类代理组成代理三元组,通过拉开特征与异类代理之间的类间差距来保证异类样本间的边界,针对性地提高分布的紧凑性和独立性,进而提高身份识别准确率。最后,通过在本节制作的 CNSID100 数据集和 OpenCows2020 公开数据集上的大量实验验证,证明了本节提出的多中心代理损失在自然条件下牛身份识别任务中的有效性。此外针对真实养殖场景中的应用需求,本节给出了结合目标检测、特征提取以及分类的多目标身份识别算法框架,并在本节制作的真实场景验证数据集 CAIDRE 上进行了多目标识别性能验证。本算法框架在实时性、准确率和召回率等指标上均取得了较好的性能,为精准畜牧业牛养殖生产监控中实时、连续的多目标身份识别提供了完整的解决方案和有效的示范。

2.1.4 基于多中心学习和平均精度损失的识别方法

深度度量学习的目标是利用深度卷积神经网络模型提取语义特征,保证同类样本特征之间的相似度大于异类样本特征之间的相似度。在第 2.1.2 节和第 2.1.3 节中提出的深度度量学习算法中,从类内单中心学习、样本级度量到类内多中心学习、代理级度量,在自然环境下牛身份识别任务中取得了较好的效果。然而,基于距离度量的学习方法,只关注于通过约束样本间的距离分布来保证聚类的独立性和紧凑性,而忽视了样本检索序列内部的排序信息,缺少聚类纯净度的提升。

针对这一问题,同时兼顾自然图像中存在多类内局部聚类中心的特点,比如不同视角下的汽车、商品及不同姿态下的动物图像,本节提出了多中心学习和平均精度损失相结合的识别方法,联合监督训练模型。一方面利用 Multi-centroid SoftMax 损失函数监督模型学习多个类内局部聚类中心,降低特征的类内差距。另一方面利用近似平均精度损失函数,通过优化样本检索序列中的排序,来学习样本检索序列内部正确的相似度排序信息,将异类样本点移出检索序列,进而提高特征聚类的纯净度。其学习目标如图 2.23 所示。

从图 2.23 中可以看出,图 2.23(a)中单中心学习仅仅提供一个聚类中心,容易将类间差距较小的样本聚类到一个类别,不利于有效分布的学习。图 2.23(b)中利用多中心学习获取多个类内中心,为特征提供有效的局部聚类条件,降低了不同类样本聚到一类的可能性,提高了聚类的可靠性。图 2.23(c)中近似平均精度损失函数通过惩罚错误的检索排序,学习检索序列内部的相似度排序信息,增强难负例样本的学习能力并将其移出正样本序列,进而改善特征空间中聚类的纯度。

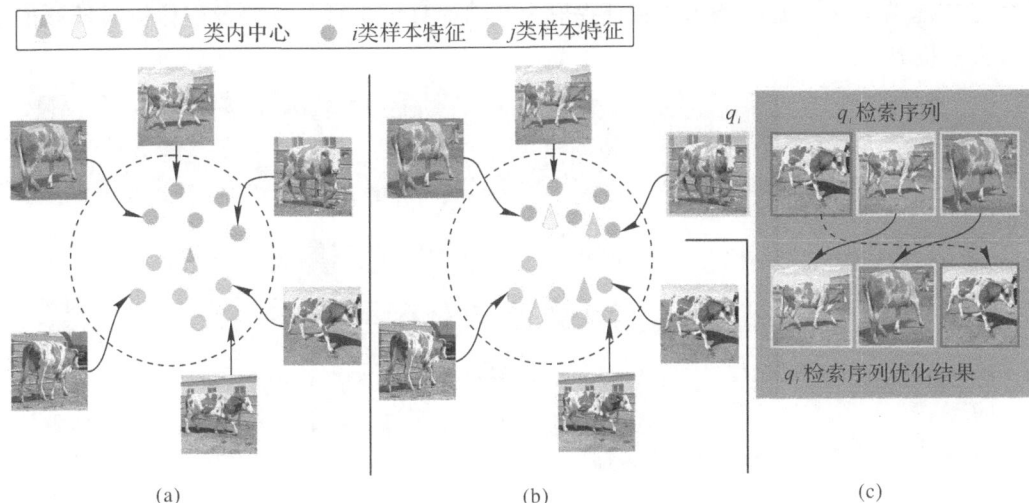

图 2.23　单中心、多中心学习和检索序列优化目标
(a)单中心学习;(b)多中心学习;(c)检索序列排序优化

此外,本节制作了自然环境下牛身份识别数据集 Cattle - 2022,为牛身份识别验证提供基础数据。本节在公开数据集 CUB - 2011、Cars196、在线商品数据集(Stanford Online Products,SOP)和本节制作的 Cattle - 2022 数据集上,进行了大量的对比实验,综合验证了该算法在自然多视角图像上深度度量学习任务中的检索性能、聚类性能和识别性能。

2.1.4.1　Cattle - 2022 数据集

中国西门塔尔牛和荷斯坦奶牛,是目前我国畜牧业中重要的牛品种,研究其在自然环境下个体身份识别方法对于推动精准畜牧业牛智能化养殖具有重要意义。中国西门塔尔牛和荷斯坦奶牛的皮肤呈现两种颜色互相融合的形态,服从图灵反射-融合机理,而且采样方便,是自然环境下实时、连续和在线身份识别的理想的生物学度量标准。本节在 MVCAID100 和 CNSID100 数据集的基础上继续扩充牛和图像数量,制作了中国西门塔尔牛和荷斯坦奶牛身份识别数据集 Cattle - 2022,为深度度量学习中多视角图像学习任务和牛身份识别任务的研究提供基础数据支撑。

与 MVCAID100 数据集、CNSID100 数据集类似,Cattle - 2022 数据集包含 246 头牛、自然状态下多个视角、多种光照条件下的图像共计 10 076 张,符合真实养殖环境中牛个体身份识别的应用要求。Cattle - 2022 数据集包含中国西门塔尔牛和荷斯坦奶牛两个品种,每头牛平均 40 余张图像,并且进行了人工身份标定。数据集中每头牛至少含有前、后、左、右四个视角中的任意三个不同视角的图像。图像均以牛为中心,大小为 500×500 像素,有助于通过任意视角的图像识别牛的个体身份,适用于精准畜牧业牛养殖生产中自然环境下牛个体身份识别。数据集的典型样本如图2.24所示。

从图2.24中可以看出,该数据集中包含牛多视角、多姿态条件下的图像,而且养殖场景复杂,图像随着其视角、姿态以及光照等变化时,在同一类别内部产生的类内局部聚类中心较多,类内差距较大。这些均为以特征提取为基础的身份识别任务以及图像检索任务带来了较大的挑战。

图 2.24　Cattle‑2022 数据集样本

(a)190000160;(b)210965867;(c)210020369;(d)211118497;(e)200210028;(f)200200155;(g)2002200003

2.1.4.2　基于多中心学习和平均精度损失的识别算法

深度度量学习的主要目标是改善特征聚类的紧凑性、独立性以及纯净度,提高特征的聚类性能,进而保证同类样本特征之间的相似度大于其与异类样本之间的相似度。自然图像中普遍存在着由于类内多个局部聚类中心而导致的"类内距离大于类间距离"的不利因素,针对此问题,本节在SoftTriple Loss监督方法和平滑平均精度损失Smooth‑AP的启发之下提出了基于多中心学习和平均精度损失（Multi - centroid SoftMax Reciprocal Average Precision Loss，mcSAP Loss）的监督机制。一方面，为同类特征学习多个类内聚类中心，降低类内差距。另一方面，针对基于度量学习的方法中检索序列内部信息学习能力不足的问题，利用平均精度损失学习正确的检索样本排序，间接提高难例负样本的学习效率，改善同类样本特征的聚类纯度，进而提高模型的聚类能力、检索能力以及识别能力。基于 mcSAP 损失函数的识别算法基本结构如图 2.25 所示。

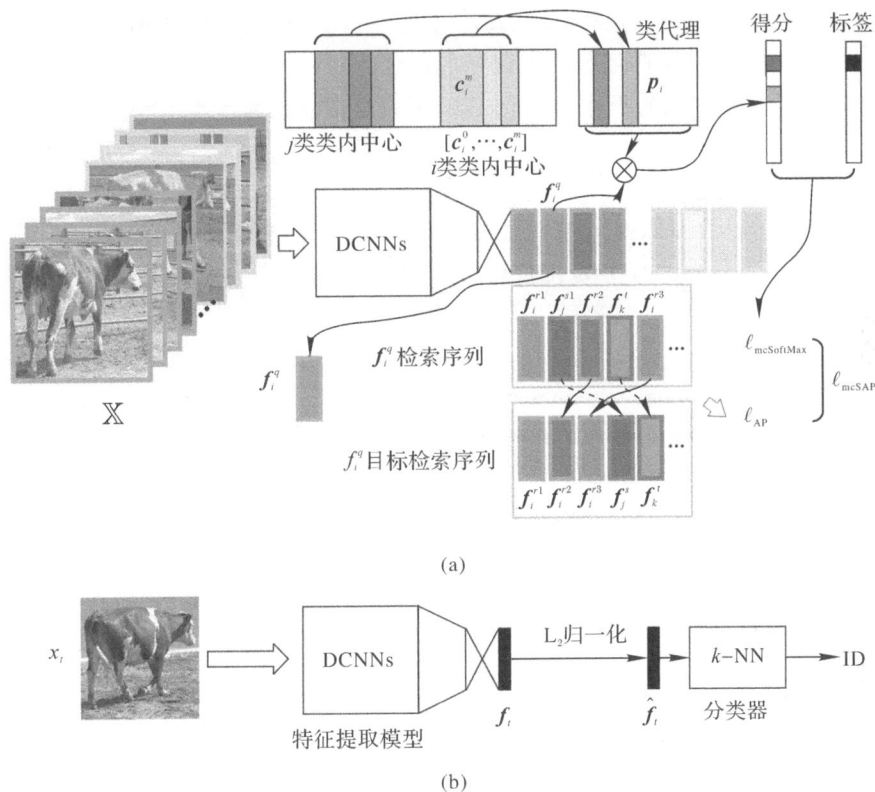

图 2.25　基于 mcSAP 损失函数的识别算法框架
(a)训练阶段；(b)测试阶段

从图 2.25 中可以看出，mcSAP 损失函数由两部分组成。一部分为 Multi - centroid Softmax 损失函数，学习多个类内中心，其通过最大化第 i 类中第 q 个检索样本 f_i^q 和相应类代理 p_i 间的相似度，来压缩类内特征的分布差距。另一部分为近似平均精度损失，求解第 i 类中第 q 个检索样本 f_i^q 的检索序列，通过降低平均精度损失来学习样本的正确检索序列信息，惩罚检索序列中排序靠前的负样本特征 f_j^s、f_k^t，将其移出聚类。同时，前移正样本特征 f_i^{r2}、f_i^{r3}，提高聚类的纯度。该算法在身份识别的测试阶段利用 k - NN 分类器来识别身份。

2.1.4.3　mcSAP 损失函数

1. 平均精度损失函数

平均精度是目标检测任务和信息检索任务的基准衡量指标，其定义为 PR 曲线（Precision -

Recall Curve)下的面积。任意给定一个检索样本的特征 $\boldsymbol{f}_q$，若采用特征间的相似度作为度量基准，则其相似度得分的集合可以表示为

$$
\left.\begin{aligned}
\mathbb{S}_\Omega &= \{s_i = \boldsymbol{f}_q^{\mathrm{T}}\boldsymbol{f}_i, i=1,\cdots,N\}\\
\mathbb{S}_\Omega &= \mathbb{S}_+ + \mathbb{S}_-
\end{aligned}\right\}
\tag{2.30}
$$

式中：$\mathbb{S}_+$、$\mathbb{S}_-$——样本 $\boldsymbol{f}_q$ 与其检索结果中的真正例样本（True Positive）的相似度集合和其与检索结果中的假正例样本（False Positive）的相似度集合，$\mathbb{S}_+ = \{s_\phi, \forall \phi \in T_q\}$，$\mathbb{S}_- = \{s_\varphi, \forall \varphi \in \mathbb{F}_q\}$，$\mathbb{T}_q$ 是检索序列中真正例样本集合，$\mathbb{F}_q$ 是检索序列中假正例样本集合。

检索样本 $\boldsymbol{f}_q$ 检索结果的平均精度值（AP）可以近似表示为

$$
v_{\mathrm{AP}}^q = \frac{1}{|\mathbb{S}_+|}\sum_{s_i\in\mathbb{S}_+}\frac{R_K(i,\mathbb{S}_+)}{R_K(i,\mathbb{S}_\Omega)}
\tag{2.31}
$$

式中：$R_K(i,\mathbb{S})$——求解相似度 s_i 在相似度集合 $\mathbb{S}$ 中的排位函数。

计算平均精度值的核心任务是排位函数 $R_K(i,\mathbb{S})$ 的设计和定义。在相关文献给出了近似表示，其表示形式为

$$
R_K(i,\mathbb{S}) = 1 + \sum_{s_i,s_j\in\mathbb{S},j\neq i}\mathbb{I}\{(s_i - s_j) < 0\}
\tag{2.32}
$$

式中：$\mathbb{I}(\cdot)$——示性函数（Indicator Function）。

在相关文献中，为了求解相似度序列中相应元素的排位，给出了相似度差距矩阵 $\boldsymbol{G}$，其表示形式为

$$
\boldsymbol{G} = \begin{bmatrix} s_1 & \cdots & s_N \\ \vdots & & \vdots \\ s_1 & \cdots & s_N \end{bmatrix} - \begin{bmatrix} s_1 & \cdots & s_1 \\ \vdots & & \vdots \\ s_N & \cdots & s_N \end{bmatrix}
\tag{2.33}
$$

样本 $\boldsymbol{f}_q$ 的平均精度值计算方法可以表示为

$$
v_{\mathrm{AP}}^q = \frac{1}{|\mathbb{S}_+|}\sum_{s_i\in\mathbb{S}_+}\frac{1+\sum_{s_j\in\mathbb{S}_+,j\neq i}\mathbb{I}\{\boldsymbol{G}_{ij}>0\}}{1+\sum_{s_j\in\mathbb{S}_+,j\neq i}\mathbb{I}\{\boldsymbol{G}_{ij}>0\}+\sum_{s_j\in\mathbb{S}_-}\mathbb{I}\{\boldsymbol{G}_{ij}>0\}}
\tag{2.34}
$$

由于示性函数 $\mathbb{I}(\cdot)$ 的导数为狄拉克 $\delta(\cdot)$ 函数（Dirac Delta Function），无法应用于基于梯度下降方法的模型优化中。

观察到 Sigmoid 函数与示性函数 $\mathbb{I}(\cdot)$ 相近似，其表示形式为

$$
\zeta(x) = \frac{1}{1+\exp\left(-\dfrac{x}{\sigma}\right)}
\tag{2.35}
$$

式中：σ——平滑参数。

Sigmoid 函数求导方便，在相关文献中利用 Sigmoid 函数近似表示示性函数 $\mathbb{I}(\cdot)$，进而可导的平均精度值计算方法可以表示为

$$
v_{\mathrm{AP}}^q \approx \frac{1}{|\mathbb{S}_+|}\sum_{s_i\in\mathbb{S}_+}\frac{1+\sum_{s_j\in\mathbb{S}_+}\zeta(\boldsymbol{G}_{ij})}{1+\sum_{s_j\in\mathbb{S}_+}\zeta(\boldsymbol{G}_{ij})+\sum_{s_j\in\mathbb{S}_-}\zeta(\boldsymbol{G}_{ij})}
\tag{2.36}
$$

在此基础上,平均精度损失可以定义为

$$\ell_{AP} = \frac{1}{N} \sum_{q=1}^{N} (1 - \boldsymbol{v}_{AP}^{q})$$ (2.37)

2. mcSAP 损失函数

在深度度量学习中,兼具紧凑性和纯净度的聚类对于可辨识分布的学习至关重要。在 Multi-centroid SoftMax 损失函数保证分布紧凑性的基础上,mcSAP 损失函数结合近似平均精度损失,联合监督训练深度卷积神经网络模型,进一步学习正确的检索序列排序信息。在其监督下,通过降低平均精度损失优化检索序列,与检索样本同类的特征移入检索序列的前列,并从序列中移出异类样本特征,有效地提高聚类的纯净度,改善模型的检索性能、聚类性能和识别性能。

mcSAP 损失函数中,Multi-centroid SoftMax 损失学习多个类内局部聚类中心,其表示形式为

$$\ell_{mcSoftMax} = -\frac{1}{N} \sum_{i=1}^{N} \log \frac{\exp(r_{sap} \boldsymbol{f}_i^{T} \boldsymbol{p}_{y_i})}{\sum_{j=1}^{N_C} \exp(r_{sap} \boldsymbol{f}_i^{T} \boldsymbol{p}_j)} + \lambda_{sap} \frac{\sum_{j=1}^{N_C} R(\boldsymbol{c}_j^1, \cdots, \boldsymbol{c}_j^M)}{N_C M(M-1)}$$ (2.38)

式中: N_C——类别总数;

r_{sap}——特征投影超球截面半径;

λ_{sap}——多中心稀疏化正则系数,正则化方法 $R(c_j^1, \cdots, c_j^M)$ 如 2.1.3 节所示。

其中,样本 $\boldsymbol{x}_i$ 的特征 $\boldsymbol{f}_i$ 与 y_i 类的类代理 $\boldsymbol{p}_{y_i}$ 的内积作为其分类得分,类代理 $\boldsymbol{p}_{y_i}$ 的表示形式如 2.1.3 节所示。

本节提出的 Multi-centroid SoftMax 损失和近似平均精度损失相结合的 mcSAP 损失函数表示形式为

$$\ell_{mcSAP} = \ell_{mcSoftMax} + \beta \ell_{AP}$$ (2.39)

式中: β——控制近似平均精度损失的学习速率。

本节提出的 mcSAP 损失联合监督训练模型,用以获取兼具较高紧凑性和纯净度的特征聚类。例如给定一个按相似度排序的检索样本序列及其标签:

检索样本序列: $(s_0, s_4, s_1, s_2, s_5, s_3)$。

真实标签: $(1, 0, 1, 1, 0, 1)$。

在 Sigmoid 函数的平滑参数 σ 作用下,近似平均精度损失函数监督惩罚错序样本对 $\{(s_4 - s_1 - \Delta_{sap}), (s_4 - s_2 - \Delta_{sap}), (s_4 - s_3 - \Delta_{sap}), (s_5 - s_3 - \Delta_{sap})\}$,来优化检索序列以得到正确排序。$\Delta_{sap}$ 由 Sigmoid 平滑参数 σ 控制,相当于不同类别的样本分布边界。在 Multi-centroid SoftMax 损失函数压缩样本特征类内距离的基础之上,近似平均精度损失函数通过学习正确的样本检索排序信息,移出检索序列中的异类样本,增加了异类样本间的距离边界,促进了特征分布中兼具紧凑性、独立性和高纯度的聚类的形成。

在模型训练阶段,基于多中心学习和近似平均精度损失的模型优化详细过程如算法

2.4 所示。

算法 2.4　基于 mcSAP 损失的模型优化方法

---

(1) 采用 ImageNet 分类任务权重初始化特征提取模型；

(2) **for** ep＝1 **to** num_epoches **do**

(3) 　　**for** $\{x_i\} \subset \mathbb{X}$ **do**

(4) 　　　　$f_i = F(x_i;\theta)$；　　//提取图像特征

(5) 　　　　利用式(2.38)计算损失 $\ell_{\text{mcSoftMax}}$；

(6) 　　　　为每个特征 f_q 构造相似度排序集合 $\mathbb{S}_{\Omega}^q = \{s_i = f_q^{\mathrm{T}} f_i, i=1,\cdots,N_b, q \neq i\}$；//$N_b$ 为批次内样本数量；

(7) 　　　　利用式(2.37)计算近似平均精度损失 ℓ_{AP}；

(8) 　　　　利用式(2.39)计算 mcSAP 损失 ℓ_{mcSAP}；

(9) 　　　　反向传播优化特征提取模型的参数；

(10) 　　**end for**

(11) **end for**

2.1.4.4　mcSAP 损失监督性能评价

为验证本节提出的基于 mcSAP 损失函数的识别方法在自然环境下牛身份识别任务以及其他深度度量学习任务中的性能,本节在鸟类、车型、商品和牛身份识别数据集上进行了实验。在 Cattle - 2022 数据集上、开集率为 50％ 条件下,开展牛身份识别实验,并与 SoftTriple Loss 和 Smooth - AP 算法进行对比,验证本节提出的 mcSAP 算法在自然环境下中国西门塔尔牛和荷斯坦奶牛的个体身份识别任务中的性能。此外,为测试基于 mcSAP 损失函数的度量学习方法在其他领域多视角自然图像上相关任务中的性能,本节在公开数据集 CUB - 2011、Cars196 以及 Stanford Online Products (SOP)上做了测试实验,针对鸟类、车型以及商品图像识别任务,与主流模型进行对比,综合验证本节提出的 mcSAP 损失函数在改善模型检索性能和聚类性能上的有效性。

1. 模型训练基本参数设置

本节实验中,训练和测试的主要硬件采用一块 NVIDIA RTX2080Ti GPU,算法平台基于 UBUNTU 18.04 和 Pytorch 1.7.1 搭建。在公开数据集 CUB - 2011、Cars196、Stanford Online Products (SOP)和本节制作的 Cattle - 2022 数据集上,验证深度度量学习任务的检索、聚类和识别性能。

本节采用深度卷积神经网络模型 ResNet50 作为特征提取模型,使用 ImageNet 数据集分类任务权重进行初始化。训练时,为计算平均精度损失,本节采用类内样本均衡采样法,批次的大小为 64,每类采样固定数量的样本,进而保证每个批次采样中的正样本数量。此外,输入图像采用了随机剪裁、缩放及随机水平翻转等数据增强方法,随机概率设置为 0.5。模型的输入图像大小统一缩放到 224×224 像素,模型的最后一层全连接层改为内积层,其输出作为图像特征。

特征的维度对于识别性能有着重要的影响,较高维度的特征一般具有较好的性能。由于不同的文献采用了不同的特征维度,为了进行对比,本节按照惯例将特征分为低维特征和高维特征。其中低维特征按照目前主流文献中的标准,设置为 64 维。高维特征采用大多数主流方法在本节数据集上的标准,设置为 512 维。特征提取模型 ResNet50 的最后一层全连接层修改为内积操作,输出维度按照低维特征和高维特征标准分别设置为 64 和 512。

本节采用 k-NN 分类器的识别准确率,同时还引入了检索和聚类性能指标验证模型的检索、聚类能力,并与深度度量学习相关任务中的主流模型相比较。其中 Top@k(k＝1,2,4,8)用于检索性能指标,定量衡量模型的检索能力。

聚类性能指标采用归一化互信息(Normalized Mutual Information,NMI),用来评价模型生成的特征聚类与真实聚类之间的相似度,其计算方法为

$$\left. \begin{aligned} v_{\mathrm{NMI}} &= \frac{2I(\boldsymbol{\Psi};\boldsymbol{X})}{E(\boldsymbol{\Psi})+E(\boldsymbol{X})} \\ \boldsymbol{X} &= \{\widetilde{y}_1,\cdots,\widetilde{y}_n\} \\ \boldsymbol{\Psi} &= \{y_1,\cdots,y_n\} \end{aligned} \right\} \tag{2.40}$$

式中:　　$\boldsymbol{X}$、$\boldsymbol{\Psi}$——生成的聚类标签和相应的类别标签;

　　　　$I(\cdot;\cdot)$——用于计算交互信息;

　　　　$E(\cdot)$——信息熵。

2. 牛身份识别性能验证

Cattle-2022 数据集划分方式与 2.1.2 节和 2.1.3 节中 MVCAID100、CNSID100 数据集划分基本相同,将其中 123 头牛、5 026 张图像,作为身份可见集,训练特征提取模型。其余 123 头牛、5 070 张图像,作为身份不可见集用于模型验证,不参与模型训练和参数调整。对于 k-NN 分类器,将不可见集中的每类样本按照 7∶3 随机划分为 k-NN 的训练集和测试集。

对比实验中,SoftTriple Loss 表示形式如 2.1.3 节式(2.29)所示,Δ_{st} 为特征与本类代理相似度和其与异类代理相似度的边界余量,λ_{st} 为稀疏正则系数。本节将投影半径 r_{st}＝24,Δ_{st} 与原文设置相同,置为 0.01。多中心稀疏正则系数 λ_{st} 设置为 0.4,类代理 p_{y_i} 中熵正则系数 τ 设置为 0.1,类内多中心数 M 设置为 10。采样时,Batch Size 为 64,每类采样 4 张图像。优化器采用随机梯度下降法,冲量设置为 0.9,权重衰减率设置为 0.000 4。模型参数优化的学习率初始值设置为 1×10^{-3},多中心参数优化的学习率初始值设置为 1×10^{-2}。学习率衰减策略采用多段衰减法,衰减阶段设置为[70,80,90],衰减率设置为 0.1,训练 100 轮。

Smooth-AP 损失如式(2.37)所示,在训练中,Sigmoid 平滑参数 σ 设置为 0.01。采样时,批次大小为 64,每类采样 4 张图像。优化器采用随机梯度下降法 SGD,冲量设置为 0.9,权重衰减率设置为 0.000 4。模型参数优化的学习率初始值设置为 1×10^{-3},多中心参数优化的学习率初始值设置为 1×10^{-2}。学习率衰减策略采用多段衰减法,衰减阶段设置为[60,80,90],衰减率设置为 0.1,训练 100 轮。

本节提出的 mcSAP 损失函数训练模型时,Multi-centroid SoftMax 损失中投影半径 r_{sap} 设置为 24,多中心稀疏正则系数 λ_{sap} 设置为 0.4,类代理 p_{y_i} 中熵正则系数 τ 设置为 0.1,类内多中心数 M 设置为 10。平均精度损失中,Sigmoid 函数平滑参数 σ 设置为 0.01。

在 mcSAP 中，近似平均精度损失的学习速率 β 设置为 0.6。采样时，Batch Size 为 64，每类采样 4 张图像。优化器采用随机梯度下降法，冲量设置为 0.9，权重衰减率设置为 0.000 4。模型参数优化的学习率初始值设置为 1×10^{-3}，多中心参数优化的学习率初始值设置为 1×10^{-2}。学习率衰减策略采用多段衰减法，衰减阶段设置为 $[50, 70, 90]$，衰减率设置为 0.1，训练 100 轮。实验结果见 2.12。

表 2.12　Cattle-2022 数据集实验结果（特征维度 64 维）

方　法	Top1	Top2	Top4	Top8	NMI	准确率
Smooth-AP	94.83	97.37	98.95	99.56	89.98	93.72
SoftTriple Loss	96.53	98.69	99.49	99.9	84.78	95.28
mcSAP	97.27	99.03	99.72	99.94	90.74	95.77

在高维特征（维数为 512）提取实验中，利用本节提出的 mcSAP 损失函数训练 ResNet50 时，投影半径 r_{sap} 设置为 24，多中心稀疏正则系数 λ_{sap} 设置为 0.3，类代理 p_{y_i} 中熵正则系数 τ 设置为 0.1，类内多中心数 M 设置为 10。在 mcSAP 损失中，近似平均精度损失的学习速率 β 设置为 0.9。批次的大小为 64，每类采样 4 张图像。优化器采用随机梯度下降法 SGD，冲量设置为 0.9，权重衰减率设置为 0.000 4。模型参数优化的学习率初始值设置为 1×10^{-3}，多中心参数优化的学习率初始值设置为 1×10^{-2}。学习率衰减策略采用多段衰减法，衰减阶段设置为 $[70, 80, 90]$，衰减率设置为 0.1，训练 100 轮。SoftTriple Loss 和 Smooth-AP 训练模型提取高维特征时，其参数与低维度特征提取实验中的参数设置相同，详细实验结果见表 2.13。

表 2.13　Cattle-2022 验证实验结果（特征维度 512 维）

方　法	Top1	Top2	Top4	Top8	NMI	准确率
Smooth-AP	96.06	98.3	99.27	99.74	90.28	94.81
SoftTriple Loss	97.07	98.89	99.45	99.84	84.44	94.54
mcSAP	97.86	99.11	99.58	99.92	91.75	96.79

从表 2.12 和表 2.13 的实验结果中可以看出，在低维特征和高维特征条件下，本节提出的基于 mcSAP 损失函数的监督方法在检索任务、聚类任务和牛身份识别任务中均取得了非常好的性能。这进一步证明了 mcSAP 损失在独立性、紧凑性和高纯度聚类特征学习中的有效性。

3. mcSAP 损失监督性能消融实验

为深入剖析多中心学习以及检索序列内部排序信息学习对于模型性能的作用，本节在 Cattle-2022 数据集上提取高维特征（维数为 512）条件下做了 mcSAP 损失函数的监督性能消融实验，来验证 Multi-centroid SoftMax 损失和平均精度损失函数的有效性。

本节测试了单中心 SoftMax、Multi-centroid SoftMax 损失函数的性能，测试了单中心学习和多中心学习条件下近似平均精度损失函数的性能，来对比展示 mcSAP 损失在自然环境下牛身份识别任务中的检索能力、聚类能力和识别能力。对比实验的详细结果见表 2.14。

表 2.14　消融实验结果

方　法	Top1	Top2	Top4	Top8	NMI	准确率
SoftMax(single centroid)	88.1	92.8	95.69	97.84	80.46	83.27
SoftMax ＋ AP	94.53	97.49	98.83	99.39	88.99	93.10
Multi－centroid SoftMax	96.89	98.75	99.54	99.9	83.98	95.15
mcSAP	97.86	99.11	99.58	99.92	91.75	96.79

从表 2.14 消融实验结果中可以看出 mcSAP 各个部分在模型优化中的相应作用。首先,Multi－centroid SoftMax 损失监督模型学习多个类内聚类中心来降低特征类内差距,提高聚类紧凑性,进而提升了模型的各项性能。在检索任务上,超过了单中心 SoftMax 和近似平均精度损失联合监督训练下的 Top@k 性能指标。同时,近似平均精度损失在检索任务、聚类任务及识别任务中,也能有效地提升模型的相应性能。无论是单中心 SoftMax 还是 Multi－centroid SoftMax 损失函数,增加平均精度损失后,均有效地改善了特征的分布,增强了聚类紧凑性,提高了聚类纯度,进而明显地提升了各项性能指标。

类内多中心数量对模型性能也有一定的影响。更多的类内中心可以为特征聚类提供更多的局部聚类中心,有益于减少同类特征的类间距离。然而太多的类内中心会产生冗余,不利于类内全局信息的获取,降低了类代理中心的表征能力以及学习效率。

本节在 Cattle－2022 数据集上、提取高维特征(维数为 512)条件下做了类中心数量测试实验。从 $M=1$(单中心)开始逐步增加类内中心,做了一定的对比实验,来验证类内中心数量 M 的变化对于模型各项性能的影响。同时结合类内多中心数量验证实验,做了多中心稀疏化正则项的性能分析实验。详细的实验结果如图 2.26 所示。从图 2.26 中可以看出,在正则化条件下当类内多中心的数量从 $M=1$ 增加到 $M=10$ 时,模型的识别准确率不断提高,在 $M=10$ 时达到最高,表明类内多中心的学习对于模型性能提高的重要作用。当 $M>10$ 时,随着多中心数量 M 的持续增加,准确率开始有所下降,从中可以看出数量冗余的类内多中心降低了类代理的表征能力,影响了模型的学习效率,进而降低了识别准确率。

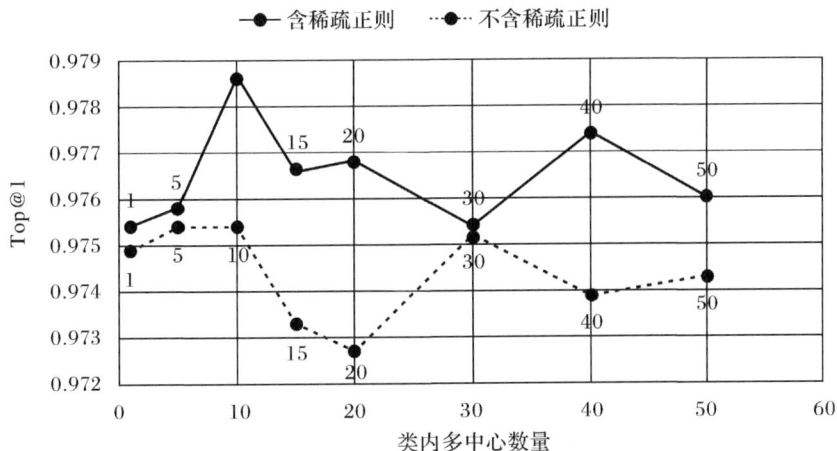

图 2.26　多中心学习及稀疏正则项性能分析

从图 2.25 中还可以看出：当 $M<5$ 类内中心数量较少时，多中心稀疏正则化作用较小；当中心数 M 持续增加时，多中心稀疏化正则项的作用开始显现。该正则化项通过约束类内局部中心的优化，学习到稀疏性和独立性较高的类内中心，提高了局部中心本身以及各类类代理中心的表征能力，进而提升损失函数的监督性能。

4. CUB－2011 数据集性能验证

CUB－2011、Cars196 和 SOP 数据集是深度度量学习任务中常用的基准数据集，也是典型的多视角自然图像数据集。本节在 CUB－2011、Cars196 和 SOP 数据集上与现有算法进行比较，验证 mcSAP 损失在多视角自然图像上的检索和聚类能力。

CUB－2011 数据集是开放的细粒度图像分类数据集，包含 11 788 张、200 种鸟类图像。本节按照常用的划分方法，前 100 类鸟作为训练集，其余 100 类鸟作为测试集，分别在低维特征和高维特征下做了验证实验，与该数据集上其他主流算法模型进行了检索和聚类性能的对比。

在低维特征（维数为 64）提取实验中，利用本节提出的 mcSAP 损失函数训练特征提取模型 ResNet50。投影半径 r_{sap} 设置为 24，多中心稀疏正则系数 λ_{sap} 设置为 0.1，类代理 p_{y_i} 中熵正则系数 τ 设置为 0.1，类内多中心数 M 设置为 10。mcSAP 损失函数中，平均精度损失的学习速率 β 设置为 0.9。批次的大小为 64，每次采样 16 类，每类采样 4 张图像。

优化器采用随机梯度下降法 SGD，冲量设置为 0.9，权重衰减率设置为 0.000 4。模型参数优化的学习率初始值设置为 1×10^{-3}，多中心参数优化的学习率初始值设置为 1×10^{-2}。学习率衰减策略采用多段衰减法，衰减阶段设置为 $[20,40,70]$，衰减率设置为 0.1，训练 100 轮。实验结果见表 2.15。

表 2.15　CUB－2011 数据集实验结果（特征维度 64 维）

方　法	Top1	Top2	Top4	Top8	NMI
FaceNet	42.6	55.0	66.4	77.2	55.4
LiftedStruct	43.6	56.6	68.6	79.6	56.5
Clustering	48.2	61.4	71.8	81.9	59.2
Npairs	51.0	63.3	74.3	83.2	60.4
ProxyNCA	49.2	61.9	67.9	72.4	59.5
SoftTriple Loss	60.1	71.9	81.2	88.5	66.2
mcSAP	60.5	72.4	82.3	89.6	68.7

从表 2.15 中可以看出，在检索任务和聚类任务中本节提出的 Multi－centroid SoftMax 结合平均精度损失的各项性能均超过了主流模型。从而证明了 mcSAP 损失函数在特征学习中监督模型学习到了更为紧凑和纯净的聚类分布，进而全面提升了模型的检索和聚类性能。

在高维特征（维数为 512）提取实验中，利用本节提出的 mcSAP 损失函数训练 ResNet50 特征提取模型。投影半径 r_{sap} 设置为 24，多中心稀疏正则系数 λ_{sap} 设置为 0.3，类代理 p_{y_i} 中熵正

则系数 τ 设置为 0.1，类内多中心数 M 设置为 10。在 mcSAP 损失函数中，平均精度损失的学习速率 β 设置为 0.2。采样方法、优化器、学习率初始化及衰减方法等其他的训练参数设置，均与低维特征(维数为 64)条件下的参数相同。实验结果见表 2.16。

表 2.16　CUB－2011 数据集实验结果(特征维度 512 维)

方　法	Top1	Top2	Top4	Top8	NMI
HDC	53.6	65.7	77.0	85.6	
Margin	63.6	74.4	83.1	90.0	69.0
HTL	57.1	68.8	78.7	86.5	
SoftTriple Loss	65.4	76.4	84.5	90.4	69.3
McSAP	63.5	75.6	84.8	91.3	71.0

从表 2.15 和表 2.16 的实验结果中可以看出，在低维特征和高维特征条件下，本节提出的基于多中心学习和平均精度损失的监督方法在鸟类细粒度分类数据集上具有较好的检索和聚类性能。这也进一步反映出 mcSAP 损失函数在模型学习独立性、紧凑性和高纯度聚类特征过程中的有效监督作用。

5. Cars196 数据集性能验证

Cars196 数据集是开放的车型细粒度分类数据集，包含多视角车辆图像 16 185 张，总共 196 种车型。本节按照常用的划分方法，前 98 类车型作为训练集，其余 98 类车型作为测试集，分别在低维特征和高维特征下做了验证实验。

在低维特征(维数为 64)提取实验中，利用本节提出的 mcSAP 损失函数训练特征提取模型 ResNet50。投影半径 r_{sap} 设置为 24，多中心稀疏正则系数 λ_{sap} 设置为 0.1，类代理 p_{y_i} 中熵正则系数 τ 设置为 0.1，类内多中心数 M 设置为 10。在 mcSAP 损失函数中，平均精度损失的学习速率 β 设置为 0.2。采样时，批次的大小为 64，每次采样 16 类，每类采样 4 张图像。优化器采用随机梯度下降法 SGD，冲量设置为 0.9，权重衰减率设置为 0.000 4。模型参数优化的学习率初始值设置为 1×10^{-3}，多中心参数优化的学习率初始值设置为 1×10^{-2}。学习率衰减策略采用多段衰减法，衰减阶段设置为 [50,70,90]，衰减率设置为 0.1，训练 100 轮。实验结果见表 2.17。

表 2.17　Cars196 数据集实验结果(特征维度 64 维)

方　法	Top1	Top2	Top4	Top8	NMI
FaceNet	51.5	63.8	73.5	82.4	53.4
LiftedStruct	53.0	65.7	76.0	84.3	56.9
Clustering	58.1	70.6	80.3	87.8	59.0
Npairs	71.1	79.7	86.5	91.6	64.0
ProxyNCA	73.2	82.4	86.4	88.7	64.9
SoftTriple Loss	78.6	86.6	91.8	95.4	67.0
mcSAP	78.9	87.1	92.3	95.6	70.9

从表 2.17 中可以看出,在车型检索任务和聚类任务中,本节提出的 Multi - centroid SoftMax 损失和平均精度损失联合监督的方法各项性能均超过了主流模型。与 SoftTriple Loss 相比,mcSAP 损失通过多中心学习和检索序列正确排序信息学习,监督模型学习到了更为紧凑和纯净的特征聚类,进而全面提升了模型的检索和聚类性能。

在高维特征(维数为 512)提取实验中,利用本节提出的 mcSAP 损失函数训练 ResNet50 特征提取模型。投影半径 r_{sap} 设置为 24,多中心稀疏正则系数 λ_{sap} 设置为 0.3,类代理 p_{y_i} 中熵正则系数 τ 设置为 0.1,类内多中心数 M 设置为 10。mcSAP 损失函数中,平均精度损失的学习速率 β 设置为 0.5。样本采样方法、优化器、学习率初始化及衰减方法等其他的训练参数设置,均采用低维特征(维数为 64)条件下的参数,实验结果见表 2.18。

表 2.18　Cars196 数据集实验结果(特征维度 512 维)

方　法	Top1	Top2	Top4	Top8	NMI
HDC	73.7	83.2	89.5	93.8	
Margin	79.6	86.5	91.9	95.1	69.1
HTL	81.4	88.0	92.7	95.7	
SoftTriple loss	84.5	90.7	94.5	96.9	70.1
McSAP	84.6	91.5	95.1	97.4	74.3

从表 2.17 和表 2.18 的实验结果中可以看出,在多视角车型图像识别任务中,无论提取低维特征还是高维特征,本节提出的基于多中心学习和平均精度损失的识别方法在检索、聚类的各项性能指标上均取得了较好的效果。尤其在聚类性能上,在本节的 mcSAP 损失函数监督训练下,模型通过类内多中心学习和正确的检索序列内部排序信息的学习,有效地提高了聚类分布的紧凑性和纯净度,使得模型的聚类指标超过现有模型 6% 以上。

6. SOP 数据集性能验证

在线商品数据集(Stanford Online Products,SOP)是大规模在线商品图像细粒度分类数据集,包括 22 634 种 eBay.com 线上商品、共计 120 053 张图像。本节按照惯例划分方法,将前 11 318 种商品、59 551 张图像作为训练集,其余 11 316 种商品、60 502 张图像作为测试集,分别在低维特征和高维特征下做了验证实验。

在低维特征(维数为 64)提取实验中,利用本节提出的 mcSAP 损失函数训练 ResNet50 特征提取模型。投影半径 r_{sap} 设置为 24,多中心稀疏正则系数 λ_{sap} 设置为 0.4,类代理 p_{y_i} 中熵正则系数 τ 设置为 0.2。SOP 数据集中,某些种类的商品图像数量较少,因此,本节类内多中心数 M 设置为 2。在 mcSAP 损失函数中,平均精度损失的学习速率 β 设置为 1。

样本采样时,批次的大小设置为 64,鉴于部分商品只含有 2 张图像,每次采样 32 类,每类采样 2 张,与类内中心数量相同。优化器采用随机梯度下降法,冲量设置为 0.9,权重衰减率设置为 0.000 4。模型参数优化的学习率初始值设置为 1×10^{-3},多中心参数优化的学习率初始值设置为 1×10^{-2}。学习率衰减策略采用多段衰减法,衰减阶段设置为 $[40,50,60]$,衰减率设置为 0.1,总共训练 70 轮。详细实验结果见表 2.19。

表 2.19　SOP 数据集实验结果(特征维度 64 维)

方　　法	Top1	Top10	Top100	Top1000	NMI
FaceNet	66.7	82.4	91.9		89.5
LiftedStruct	62.5	80.8	91.9		88.7
Clustering	67.0	83.7	93.2		89.5
ProxyNCA	73.7				90.6
SoftTriple Loss	76.3	89.1	95.3		91.7
mcSAP	77.3	89.8	95.6	98.5	91.7

从表 2.19 中可以出,在大规模商品识别数据集上,本节提出的基于多中心学习和平均精度损失的度量学习方法的各项指标均超过了主流模型,从而证明了 mcSAP 损失函数在特征学习中的有效监督作用。在其监督下,模型学习到了较好的聚类分布,全面提升了检索和聚类性能。同时也反映出本节的方法在大规模数据集识别任务上也具有较好的表现。

在高维特征(维数为 512)提取实验中,利用本节提出的 mcSAP 损失函数训练 ResNet50 特征提取模型。投影半径 r_{sap} 设置为 24,多中心稀疏正则系数 λ_{sap} 设置为 0.7,类代理 p_{y_i} 中熵正则系数 τ 设置为 0.1,类内多中心数 M 设置为 2。mcSAP 损失函数中,平均精度损失的学习速率 β 设置为 0.9。采样方法、优化器、学习率初始化及衰减方法等其他的训练参数设置,均采用低维特征(维数为 64)条件下的参数,实验结果见表 2.20。

表 2.20　SOP 数据集实验结果(特征维度 512 维)

方　　法	Top1	Top10	Top100	Top1000	NMI
Npairs	67.7	83.8	93.0		88.1
HDC	69.5	84.4	92.8		
Margin	72.7	86.2	93.8		90.7
HTL	74.8	88.3	94.8		
Smooth - AP(BS=224)	79.2	91.0	96.5	98.9	
SoftTriple Loss	78.3	90.3	95.9		92.0
mcSAP	79.9	91.5	96.5	98.9	92.2

从表 2.19 和表 2.20 的实验结果中可以看出,在大规模商品细粒度分类数据集上,不论低维特征还是高维特征,本节提出的 mcSAP 监督方法在检索任务、聚类任务中均取得了较好的性能,能够学习到具有独立性、紧凑性和高纯度的聚类特征。对于平均精度损失,数量较大的批采样数量有助于获取信息更为丰富的检索序列和更多的难负例样本,对于模型学习检索排序信息有着重要作用。从表 2.20 中可以看出,本节提出的 mcSAP 损失在批次的大小为 64 的训练条件下超过了批次的大小为 256 的 Smooth - AP 损失函数,体现出了多中心学习结合平均精度损失的监督方法在提升模型的训练效率和性能指标上的有效性。

自然图像随着视角、姿态、光线和背景等的变化呈现多个类内局部聚类中心。另外,同类的类内局部中心之间的距离较大,类间局部中心之间相似度又较高。此外,传统的基于距离度量的学习方法没有关注样本检索序列内部的排序信息。针对这些问题,本节提出了基于多中心学习和平均精度损失的监督方法,联合监督训练深度卷积神经网络模型,提取图像特征。一方面,Multi-centroid SoftMax 损失函数监督模型学习多个类内局部中心,提高同类特征之间的类内相似度。另一方面,平均精度损失通过惩罚样本检索序列中的错误排序,来学习检索序列内部的排序信息,将异类特征移出检索序列,进而提高特征聚类的纯净度。该算法在本节制作的 Cattle-2022 数据集上取得了较高的性能指标,验证了其在自然环境下牛身份识别任务中的特征聚类能力和身份识别能力。最后,在公开数据集 CUB-2011、Cars196 和 SOP 上,与主流模型做了大量的对比实验,验证了 mcSAP 损失函数在多视角自然图像识别任务中良好的检索性能和聚类性能。

2.2 基于无监督学习的牛身份识别方法

2.2.1 无监督领域自适应学习概述

深度度量学习适应于牧场真实场景中在养殖规模和牛群发生变化时无须重训练模型的应用需要。然而,基于完全监督的深度度量学习需要大量的标定数据,限制了其在不同养殖环境下更广泛的无标签新数据域上的识别性能。针对这一问题,无监督领域自适应学习(Unsupervised Domain Adaptation, UDA)提供了有效的方法,其主要任务转变为如何将模型在已知标签的源域数据集上的学习能力迁移到无标签的目标域数据集,进而在目标域上生成良好聚类的问题。

无监督领域自适应一般包含两种方法:聚类伪标签方法和基于领域迁移的方法。其中利用聚类生成的伪标签包含更多的目标域分布信息,有助于目标特征空间的学习,因此本节主要讨论基于聚类伪标签的无监督领域自适应方法。

基于聚类伪标签的方法,通常利用聚类算法在目标域数据集生成伪标签来监督训练深度卷积神经网络模型,不断提高目标特征空间上的聚类能力,使得特征提取模型学习到可辨识的特征分布。因此如何提高目标域数据集聚类可靠性和增强对聚类噪声样本的抗干扰能力,是研究人员重点关注的内容。Fu 等研究人员提出自相似性分组(Self-Similarity Grouping, SSG),采用人工局部特征指定多尺度伪标签进行聚类中心修正,提高聚类可靠性。Ge 等研究人员在相关文献中通过交互平均学习(Mutual Mean-Teaching)来精调伪中心,生成鲁棒性更强的软标签来增强目标域数据集特征空间的聚类能力,同时提高对噪声样本的抵抗力。特别地,Ge 等研究人员在相关文献的自调节对比学习(Self-paced Contrastive Learning, SpCL)中提出混合特征存储模块和优化方法持续、动态地更新源域数据集聚类中心和目标域数据集特征。同时给出聚类性能评价基准来根据学习效果动态调整标签和样本划分,进而提高伪标签可靠性,并综合利用源域数据和目标域数据信息,在领域自适应目标重识别任务中取得了很好的效果。

在单聚类中心的研究基础上,针对自然图像类内多中心的特点,Wu 等研究人员提出多中心表征无监督自适应算法(Multi‐Centroid Representation Network,MCRN)。该方法给出多中心的表示和优化方法,为样本提供多个聚类中心,利用多局部中心降低聚类难度,提高聚类可靠性,并减少噪声样本的直接干扰,在无监督行人重识别任务中取得了非常好的性能。

基于多中心机制的无监督领域自适应算法有效地提高了聚类可靠性,降低了伪标签噪声,但是仍然存在一定的问题。首先,类内中心只关注局部信息,缺乏对于类内样本的全局信息的学习能力,不利于聚类紧凑性的提高。其次,基于类内局部中心构造对比损失函数无法直接获取信息量大的正例中心,同时也为难负例中心样本的选取带来一定的难度,降低了对比损失的学习效率。此外,由于没有明确约束局部子中心之间的距离,无法针对性地解决"局部中心存在的小类间距离、大类内距离"的不利分布,不利于特征分布的独立性和紧致性的提高,进而影响聚类可靠性,对目标域分布的学习带来干扰。因此如何在现有基础上不断改进局部中心的分布,进而提高整体聚类的紧凑性,对于无监督条件下迁移学习有着至关重要的作用。

近年来,对比学习(Contrastive Learning)为无监督视觉表征学习(Unsupervised Visual Representation Learning)提供了有效手段,也是无监督领域自适应研究中损失函数构造的基本方法。

在对比学习中,通过减小对比损失(Contrastive Loss)来增加同一类样本特征之间的相似度,降低异类样本之间的相似度。其中代表性的学术成果包括 simCLR 和 MoCo 等。simCLR 算法利用随机裁剪、随机彩色失真和随机高斯模糊等数据增强手段扩充正、负例样本,构造归一化得分比重可调节交叉熵损失(Normalized Temperature-Scaled Cross‐Entropy Loss),加大对难例样本的惩罚,达到增强同类特征相似度的目标。He 等研究人员在 MoCo 中提出了编码器动量更新策略,控制字典序列的更新速度,保证稳定的自监督信息,利用改进噪声对比估计损失 InfoNCE,增强与自身增广样本的相似度。此外,Google Research 的 Prannay 等研究人员将对比学习应用到监督学习中,提高了 ImageNet 分类任务性能。

在无监督领域自适应任务中,SpCL 和 MCRN 分别构造了统一、独立对比学习方法,统一或分别在源域和目标域数据上计算对比损失,取得了较好的性能。在独立域数据中,利用伪标签标注目标域数据集进行对比学习,是当前无监督领域自适应模型训练中采用的主要方法。

前文基于完全监督的深度度量学习方法,依赖大量的牛个体身份标定信息,而牛图像身份标定工作劳动强度高且需要专业饲养人员的辅助,导致了牛身份识别领域大规模数据集制作难度大。然而,在真实畜牧业生产中,面临着不同环境下更大规模的、无标签的牛身份识别任务。

针对这一问题,笔者给出基于独立域对比学习的无监督领域自适应牛身份识别方法,将已知标签的源域数据集上的学习能力跨域迁移到不同场景下未标注身份的目标域数据集上,在目标特征空间学习高性能聚类,有助于解决模型训练对于数据标定的依赖问题。为测试该算法的有效性,在 MVCAID100、CNSID100 和公开的 OpenCows2020 数据集上,进行了领域自适应交互验证,并在 MVCAID100、CNSID100、OpenCows2020 和 Cattle－2022 数据集上进行了无监督学习性能验证。

2.2.2　基于独立域对比学习的无监督领域自适应牛身份识别方法

给定已知身份标签的源域数据集 $\mathbb{D}^s$ 和未知标签目标域数据集 $\mathbb{D}^t$,其中 $\mathbb{D}^s = \{(\boldsymbol{x}_i^s, y_i^s) \mid_{i=1}^{N^s}\}$,由 N^s 个已知身份标签的数据组成,$(\boldsymbol{x}_i^s, y_i^s)$ 为第 i 个训练数据及其标签;$\mathbb{D}^t = \{(\boldsymbol{x}_i^t) \mid_{i=1}^{N^t}\}$,由 N^t 个无身份标签的数据组成,(x_i^t) 为第 i 个无标签训练样本。无监督领域自适应算法的目标是通过将源域数据集 $\mathbb{D}^s$ 的学习能力迁移到目标域数据集 $\mathbb{D}^t$ 来提高模型在无标签的目标域数据集的表现能力。

针对监督学习完全依赖数据标定而牛身份数据集制作中标定工作量和难度较大的问题,本节开展了基于独立域对比学习的无监督领域自适应牛身份识别方法研究,利用已有标签的数据来学习无身份标签的新领域数据,进而解决不同场景中更大规模的未标注的牛身份识别问题。其算法的基本框架如图 2.27 所示。

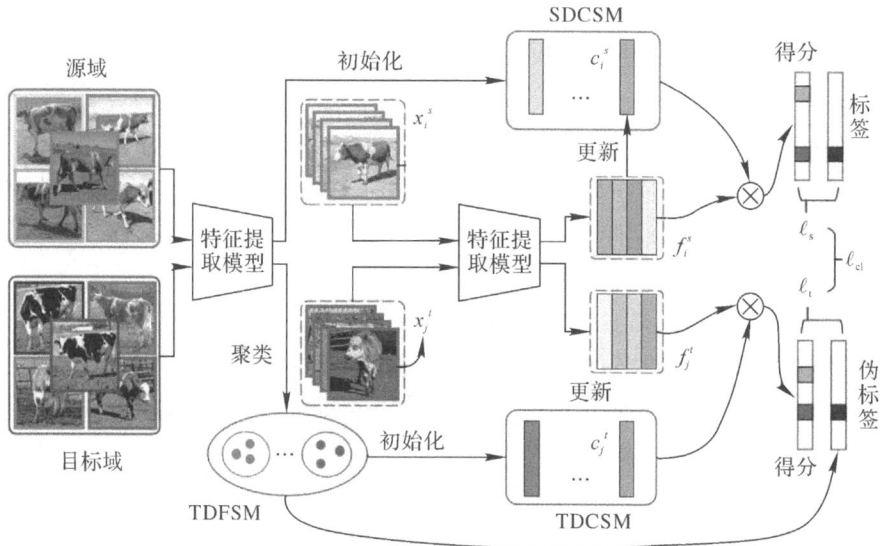

图 2.27　独立域对比学习识别算法框架

从图 2.27 可以看出,基于独立域对比学习的无监督领域自适应算法主要由特征提取模型、伪标签聚类、目标域特征存储模块(Target Domain Feature Storage Module,TDFSM)、源域类中心存储模块(Source Domain Center Storage Module,SDCSM)、目标域类中心存储模块(Target Domain Center Storage Module,TDCSM)以及基于类内特征均值的独立域对比损失函数等组成。

特征提取模型采用深度卷积神经网络模型 ResNet50 提取图像特征。目标域特征存储模块用于存储目标域样本特征,并采用自调节更新方法在训练中持续更新特征,为目标域数据训练提供较为稳定的聚类结构。伪标签生成采用 DBSCAN 算法,为目标域数据集生成聚类伪标签,解决目标域自动标注问题。类中心存储模块包括 SDMCSM 和 TDMCSM,存储相应类别的特征均值,并在训练过程中不断更新优化。

本算法利用类特征平均值表征该类中心,进而在源域数据集和目标域数据集求解独立域对比损失,之后通过反向传播优化模型参数,不断将模型在已知标签源域数据集上的学习能力迁移到目标域数据集,提高目标域数据集的特征聚类能力,并最终达到提高无标签的牛身份识别准确率的目的。

2.2.2.1　类中心存储模块

借鉴自调节比较学习算法(Self - paced Contrastive Learning)中的合成存储模块(Hybrid Memory),本节将设计源域类中心存储模块和目标域类中心存储模块。在模型训练开始时,将源域数据集每类特征的平均值初始化为相应类别的类中心。在模型训练的每个迭代周期开始时,利用目标域数据集在聚类伪标签下的同类特征平均值初始化相应的伪类中心。在模型优化过程中,不断利用新提取的源域数据集的特征更新存储模块中源域类中心,利用新提取的目标域样本的特征更新存储模块中目标域样本特征,进而更新目标域伪标签类中心来监督训练模型。

类中心存储模块包括 SDCSM 和 TDCSM。对于已知标签的源域数据集,类中心存储模块为 $[c_1, c_2, \cdots, c_i, \cdots, c_{N^s}]$,大小为 $N^s \times d$,其中 N^s 为源域数据集类别数,d 为特征的维数。源域数据集的类中心存储模块只在训练开始前进行初始化操作,之后随着模型优化不断利用新特征类内均值动态更新,为源域数据集的损失求解提供参数化的类代理。

与源域类中心存储模块结构在全训练周期内稳定不变不同,由于模型提取的目标域数据特征随着模型自身的优化不断变化,每个迭代周期生成的目标域特征聚类和目标域伪标签也随之动态变化。因此,目标域类中心存储模块表示为 $[\tilde{c}_1, \tilde{c}_2, \cdots, \tilde{c}_i, \cdots, \tilde{c}_{N^t}]$,其大小在不同训练周期均不相同,表示为 $N^t \times d$,其中,N^t 为目标域数据集生成的伪标签中包含的类别数。针对这一特点,目标域类中心在每个迭代周期开始时进行初始化操作,在本迭代周期中进行更新。

类内多中心模块中,第 i 类的第 m 个子中心 c_i^m 的计算方法为

$$c_i = \frac{1}{|\mathbb{E}_i|} \sum_{f_j \in \mathbb{E}_i} f_j \tag{2.41}$$

式中:f_j——特征向量;

　$\mathbb{E}_i$——第 i 类的样本特征集合。

初始化时,提取全部源域数据集和伪标签下目标域数据集训练数据的特征将类内各个子中心初始化为同类特征的平均值。

2.2.2.2　目标域特征存储模块

目标域特征存储模块(Target Domain Feature Storage Module,TDFSM)存储目标域内所有数据的样本特征,并且随着训练过程根据一定的速度不断持续更新。该模块中的特征用于目标域训练集数据聚类,可以保证目标域在训练过程中聚类的稳定性,进而确保目标

数据类别结构的相对稳定。其对模型在目标数据集上的稳定训练和性能提升起到至关重要的作用。

本节目标域特征存储模块中样本特征采用自调节更新方法,表示如下:

$$\tilde{f}_i^{ep} \leftarrow v_t f_i^{ep-1} + (1-v_t) f_i^{ep} \tag{2.42}$$

式中:v_t——冲量系数,用于控制目标域所含样本特征的更新速率。

在每个批次训练结束时,目标域存储模块存储的该批次 ep 内的样本特征 $\tilde{f}_i^{ep}$ 由上次存储的样本特征 f_i^{ep-1} 和本次模型提取出的特征 f_i^{ep} 更新。在每个周期训练开始时,利用 DBSCAN 算法对目标域样本特征模块中的所有特征进行聚类,产生本周期目标域训练集伪标签。

采用冲量方法控制目标域样本特征的更新速度,有助于获取较为连续和稳定的聚类结构。这可以有效避免模型在训练中由于伪标签稳定差而形成振荡,影响模型学习的数据分布结构,进而在新一轮训练中又反作用于伪标签生成质量,进入不利的低效循环中。在性能测试实验中,将对目标域特征自调节更新速度对模型性能的影响给出定量的验证。

2.2.2.3 独立域多中心代理对比损失

利用伪标签标注的目标域数据集进行对比学习,是目前许多无监督领域自适应算法采用的主要方式。在该方法中,伪标签噪声为目标域数据特征的学习带来一定的难度。本章通过构造类内多中心为数据提供多个局部聚类中心,通过降低聚类难度来降低伪标签噪声,并采用自调节法更新目标域数据样本特征,保持训练过程中聚类的稳定性。在此基础上,利用类内特征均值表征类中心,进而求解独立域对比学习损失训练模型,约束目标域数据的特征分布,学习到可分辨和可辨识的目标域特征空间,进而提高无标签目标域数据的身份识别准确率。

目标域数据的伪标签随着模型不断优化而动态变化,因此基于无监督领域自适应的识别算法采用非参数化和动态的方式来构造损失函数。源域和目标域数据的分布特点不同,统一域学习中不同领域的负样本包含的有效信息较少。本节采用独立域对比学习方法。该方法将训练数据分为源域训练集 $\mathbb{X}^s$ 和目标域已聚类训练集 $\mathbb{X}^t$,丢弃目标域训练集中未聚类数据,在源域训练集 $\mathbb{X}^s$ 和目标域已聚类训练集 $\mathbb{X}^t$ 上分别求解对比损失,通过反向传播优化模型参数。

给定源域数据集训练图像 $x_i^s \in \mathbb{X}^s$,特征提取模型提取的特征为 $f_i^s = F(x_i^s; \theta)$,则源域对比损失表示为

$$\ell_s = -\log \frac{\exp(r_{cl}\langle f_i^s, c_{y_i}\rangle)}{\sum_{j=1}^{N_l^s} \exp(r_{cl}\langle f_i^s, c_j\rangle)} \tag{2.43}$$

式中:c_j——源域数据集各类的类中心,由式(2.41)表征;

r_{cl}——用于控制投影超球面的半径。

给定目标域已聚类数据集图像 $x_i^t \in \mathbb{X}^t$，特征提取模型提取的特征为 $f_i^t = F(x_i^t; \theta)$，则目标域对比损失表示为

$$\ell_t = -\log \frac{\exp(r_{cl}\langle f_i^t, \tilde{c}_{y_i}^t \rangle)}{\sum_{j=1}^{\hat{N}_i^t} \exp(r_{cl}\langle f_i^t, \tilde{c}_j^t \rangle)} \tag{2.44}$$

式中：$\tilde{c}_j$——伪标签下相应类中心；

　　　r_{cl}——设置为 24。

在此基础上，独立域对比损失函数表示为

$$\ell_{cl} = \ell_s + \ell_t \tag{2.45}$$

模型训练时，每次迭代中均在源域数据集和目标域数据集采集本批次内的样本，输入特征提取模型提取特征，之后计算独立域对比损失，通过反向传播算法优化模型参数。

模型训练中主要包括特征提取、目标域伪标签的生成、类中心更新、目标域特征存储模块的初始化和更新、损失函数计算和反向传播参数优化等环节，具体优化过程描述如算法 2.5 所示。

算法 2.5　基于类代理对比学习的无监督领域自适应模型优化过程

---

(1) 采用 ImageNet 分类任务权重初始化特征提取模型 ResNet50；

(2) 提取源域训练集 $\mathbb{X}^s$ 样本特征 $f_i^s = F(x_i^s; \theta)$，用式(2.41)初始化 SDCSM；

(3) 提取目标域训练集样本特征 $f_i^t = F(x_i^t; \theta)$，初始化 TDFSM；

(4) **for** ep=1 **to** num_epochs **do**

(5) 　　在 TDFSM 中利用 DBSCAN 为特征聚类，生成目标域伪标签训练集 $\tilde{\mathbb{X}}^t$；

(6) 　　利用已聚类样本特征采用式(2.41)初始化 TDCSM；

(7) 　　**for** $\{x_i^s\} \subset \mathbb{X}^s$、$\{x_i^t\} \subset \tilde{\mathbb{X}}^t$ **do**

(8) 　　　　提取特征 $f_i^s = F(x_i^s; \theta)$，$f_i^t = F(x_i^t; \theta)$；

(9) 　　　　利用式(2.45)计算损失 ℓ_{cl}；

(10) 　　　　利用式(2.41)更新 SDCSM、TDCSM；

(11) 　　　　利用式(2.42)更新 TDFSM；

(12) 　　　　反向传播优化特征提取模型的参数；

(13) 　　**end for**

(14) **end for**

2.2.2.4　无监督领域自适应识别性能评价

1. 实验数据

本章综合利用 MVCID100、CNSID100、Cattle - 2022 和 OpenCows2020 数据集来验证基于多中心代理的对比学习在无监督领域自适应以及无监督牛身份识别任务中的性能。数据集包含的牛品种、视角及数据集划分规则等信息见表 2.21。

表 2.21 领域自适应和无监督牛身份识别数据集

数据集	Training	Gallery	Query	品　　种	视　　角
OpenCows2020	2 365	2 122	249	荷斯坦	单视角背部图像
MVCAID100	1 991	1 539	523	中国西门塔尔和荷斯坦	多视角图像
CNSID100	5 822	4 158	1 655	中国西门塔尔	多视角图像
Cattle‑2022	5 026	3 586	1 464	中国西门塔尔和荷斯坦	多视角图像

在无监督领域自适应牛身份识别任务中,源域数据集采用 MVCAID100、CNSID100,与之对应的目标域数据集分别采用 CNSID100、MVCAID100 和 OpenCows2020,开展多视角到多视角、多视角到单视角的无监督领域自适应验证。Cattle‑2022 数据集中含有与 MVCID100、CNSID100 中相同身份的牛,不用于无监督领域自适应算法验证。OpenCows2020 数据集只含有荷斯坦奶牛单视角背部图像,也不用于领域自适应的源域数据集,只应用于目标域数据集。

在无监督牛身份识别任务中,本节利用 MVCID100、CNSID100、Cattle‑2022 多视角图像牛身份数据集和公开的 OpenCows2020 牛背部图像身份识别数据集进行无监督学习性能验证。

2. 模型训练基本参数设置

实验中,训练和测试的主要硬件采用两块 NVIDIA RTX2080Ti GPU,算法平台基于 UBUNTU 18.04 和 Pytorch 1.7.1 搭建。

在无监督领域自适应实验中,特征提取模型采用深度卷积神经网络模型 ResNet50,利用 ImageNet 分类任务权重初始化模型参数。模型输入图像大小为 224×224 像素,采用概率为 0.5 的随机水平翻转和随机擦除的数据增强方法增强数据。模型输出采用 ResNet 模型去掉分类器,将全局平均池化层(GAP 层)的 2048 维特征图作为模型输出的特征。领域自适应实验中,模型训练均采用 Adam 优化器,权重衰减系数为 $5×10^{-4}$,学习率初始化为 $3.5×10^{-4}$,每 10 步衰减 0.1,训练 50 轮。伪标签生成方法采用 DBSCAN 聚类算法,近邻最大距离参数设置为 0.6。身份识别方法与前几章相同,采用 k‑NN($k=5$)分类算法对特征分类识别牛个体身份。

模型性能验证在目标域数据集的 query 集上进行,实验结果评价指标采用无监督领域自适应算法常用的 Top@k($k=1$、$k=2$、$k=4$)和 mAP。牛身份识别任务指标与前文一致,采用的 k‑NN 准确率。

3. 领域自适应识别性能验证

为验证该算法在无监督领域自适应牛身份识别中的性能,本节在 MVCAID100、CNSID100 以及 OpenCows2020 数据集上进行了两个多视角到多视角领域自适应实验和两个多视角到单视角领域自适应实验。

(1)MVCAID100→CNSID100 实验结果分析。

本节将 MVCAID100 数据集作为源域数据集、CNSID100 数据集作为目标域数据集。其中 MVCAID100 数据集包含中国西门塔尔牛和荷斯坦奶牛两个品种,CNSID100 数据集全部为中国西门塔尔牛,二者数据均来自不同牧场,养殖背景和环境均不相同。

在本节实验中,批次的大小为 64,目标域特征更新冲量 $v_t=0.5$,实验结果见表 2.22。

表 2.22　MVCAID100→CNSID100 UDA 实验结果

MVCAID100→CNSID100	Top1	Top2	Top4	mAP	准确率
对比学习	95.0	97.2	98.1	22.1	91.2

从表 2.22 中可以看出,对比学习无监督领域自适应识别方法在不同养殖场景的数据分布中具有较好的跨域迁移学习能力。

(2)CNSID100→MVCAID100 实验结果分析。

本节将 CNSID100 数据集作为源域数据集,MVCAID100 数据集作为目标域数据集,用于验证单一品种的牛向多品种牛的迁移学习性能。其中,CNSID100 数据集包含中国西门塔尔牛多视角图像,MVCAID100 数据集含中国西门塔尔牛和荷斯坦奶牛两个品种,与 MVCAID100→CNSID100 领域自适应实验相比,源域数据集和目标域数据集之间的领域迁移跨度有所增大。

本节实验中,批次大小设置为 64,目标域样本特征更新冲量 $v_t=0.5$,实验结果见表 2.23。

表 2.23　CNSID100→MVCAID100 UDA 实验结果

CNSID100→MVCAID100	Top1	Top2	Top4	mAP	准确率
对比学习	88.3	93.1	95.7	32.6	82.1

从表 2.23 中可以看出,在 MVCAID100 数据集为目标域的领域自适应实验中,基于独立域对比学习的领域自适应算法在 $Top@k$($k=1$、$k=2$、$k=4$)、mAP 和 k-NN 准确率上均取得了较好的效果。MVCAID100 数据集包含中国西门塔尔牛和荷斯坦奶牛两个品种,反映出该算法在数据领域差异较大条件下仍有比较好的自适应学习能力。更重要的是,在训练中未见品种的无标签牛身份识别上的适应性对于精准化养殖中牛身份识别的实际应用具有重要的意义。

(3)MVCAID100→OpenCows2020 实验结果分析。

本节将 MVCAID100 数据集作为源域数据集、OpenCows2020 数据集作为目标域数据集。其中 MVCAID100 数据集包含中国西门塔尔牛和荷斯坦奶牛多视角图像,Open-Cows2020 包含荷斯坦奶牛背部单视角图像。本节实验是为了验证该算法对于源域数据训练集中未见过的不同视角的牛身份识别任务的领域自适应能力。MVCIAD100→Open-Cows2020 领域自适应实验与前两个自适应实验相比,领域间的差距又有所增大。

在本节实验中,批次大小设置为 64,目标域特征更新冲量 $v_t=0.5$,实验结果见表 2.24。

表 2.24　MVCAID100→OpenCows2020 UDA 实验结果

MVCAID100→OpenCows2020	Top1	Top2	Top4	mAP	准确率
对比学习	94.9	97.0	98.8	46.6	94.5

从表 2.24 中可以看出,从多视角图像迁移到不同部位的牛背部单视角图像领域自适应牛身份识别任务中,该算法具有一定的视角迁移学习的能力,即通过已知视角的学习识别未

见视角图像。这非常有助于利用自然状态下牛的任一视角图像进行身份识别,这一特点对于算法在精准畜牧业牛养殖生产中自然环境下牛身份识别应用上的推广和部署具有重要的实际意义。

(4)CNSID100→OpenCows2020 实验结果分析。

本节将 CNSID100 数据集作为源域数据集、OpenCows2020 数据集作为目标域数据集。其中 CNSID100 数据集包含中国西门塔尔牛的多视角图像,OpenCows2020 数据集为荷斯坦奶牛背部图像。与上述实验相比,本节数据领域之间牛的品种不同、牛图像的视角不同、图像部位不同且养殖场景也不相同,其数据领域之间的差距最大。

在实验中,批次大小设置为 64,目标域样本特征更新冲量 v_t=0.6,实验结果见表 2.25。

表 2.25 CNSID100→OpenCows2020 UDA 实验结果

CNSID100→OpenCows2020	Top1	Top2	Top4	mAP	准确率
对比学习	95.9	97.7	98.6	46.5	96.3

CNSID100 数据集与 OpenCows2020 数据集中牛的品种不同、视角不同,领域差距较大。从实验中可以看出该算法在不同品种、不同视角图像内具有较好的学习迁移能力,有助于推动解决精准畜牧业牛养殖生产中在更为广泛的未见品种、未见视角以及无标签条件下的真实场景中牛个体身份识别问题。

(5)目标域特征存储模块更新冲量 v_t 性能分析。

目标域特征存储模块更新冲量 v_t 决定了目标域数据中的样本特征的自更新速率,更新的快慢影响着目标域数据的聚类效果和生成伪标签结构的稳定性,进而影响着模型在目标域数据集上的学习效果。

因此,本节在 MVCAID100→CNSID100 领域自适应学习的基础上,首先测试了目标域特征存储模块更新冲量 v_t 变化对模型性能的影响。实验中,在 0.2~0.8 的范围内调整 v_t 来比较目标域特征更新速度对于模型学习效果的影响。实验结果见表 2.26。

表 2.26 目标域特征存储模块更新冲量 v_t 能分析实验结果

v_t	0.2	0.3	0.4	0.5	0.6	0.7	0.8
Top1	94.4	94.1	94.4	95.0	94.6	94.8	94.7
Top2	96.8	96.3	97.0	97.2	96.7	96.5	96.9
Top4	97.9	97.7	98.0	98.1	97.2	97.6	97.8
mAP	22.0	21.5	21.9	22.1	21.2	21.7	21.8
准确率	90.1	90.8	90.3	91.2	90.6	90.7	90.5

从表 2.26 中看出,目标域特征存储模块更新冲量 v_t 对模型性能有较为关键的作用。与分析一致,其直接影响着目标集聚类的稳定性,进而决定着伪标签生成结构的稳定性。如果更新的速度太慢,会导致伪标签生成滞后于模型性能,更新速度太快,则会导致聚类结构稳定性变差,二者均影响着模型在目标数据集上的学习效果。

2.2.2.5 无监督牛身份识别性能验证

为验证基于独立域对比学习的算法在无监督身份识别中的性能,本节在 Open-

Cows2020、MVCAID100、CNSID100 以及 Cattle - 2022 数据集上进行无监督学习验证。无监督条件下,算法结构如图 2.28 所示。

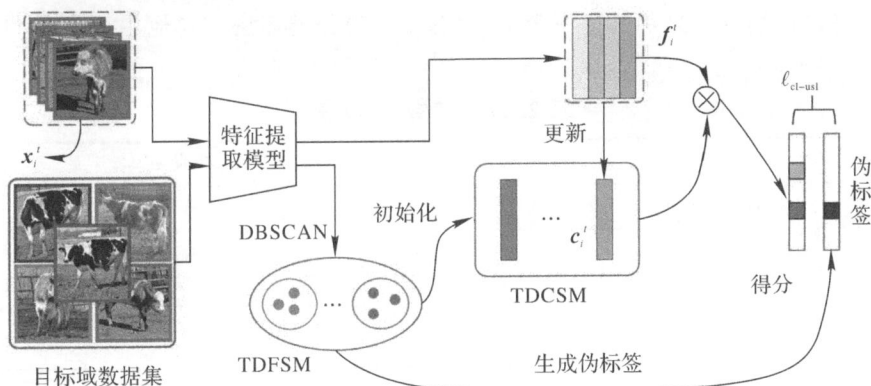

图 2.28　基于对比学习的无监督算法框架

如图 2.26 所示,对比学习在无监督学习条件下,主要包括目标域特征存储模块、目标域类中心存储模块以及目标域对比损失。损失计算方法为

$$\ell_{\text{cp-usl}} = \ell_t \tag{2.46}$$

其中,ℓ_t 的计算方法如式(2.44)所示。无监督学习模型具体优化过程描述如算法 2.6 所示。

算法 2.6　无监督条件下模型优化方法

---

(1) 采用 ImageNet 分类任务权重初始化特征提取模型 ResNet50;

(2) 提取目标域训练集样本特征 $\boldsymbol{f}_i^t = F(\boldsymbol{x}_i^t; \theta)$,初始化 TDFSM;

(3) **for** ep=1 **to** num_epoches **do**

(4)　　在 TDFSM 中利用 DBSCAN 为特征聚类,生成目标域伪标签训练集 $\mathbb{X}^t$;

(5)　　利用已聚类伪标签特征采用式(2.41)初始化 TDCSM;

(6)　　**for** $\{\boldsymbol{x}_i^t\} \subset \mathbb{X}^t$ **do**

(7)　　　　提取特征 $\boldsymbol{f}_i^t = F(\boldsymbol{x}_i^t; \theta)$;

(8)　　　　利用式(2.46)计算损失 $\ell_{\text{cp-usl}}$;

(9)　　　　利用式(2.41)更新 TDCSM;

(10)　　　利用式(2.42)更新 TDFSM;

(11)　　　反向传播优化特征提取模型的参数;

(12)　　**end for**

(13) **end for**

按照算法 2.5 的实验步骤,本节在 OpenCows2020、MVCAID100、CNSID100 和 Cattle - 2022 数据集上验证了基于多中心代理的独立域对比学习方法在无监督牛身份识别任务中的性能。

特征提取模型采用深度卷积神经网络模型 ResNet50,利用 ImageNet 分类任务权重初始化模型参数。模型输入图像大小为 224×224 像素,采用概率为 0.5 的随机水平翻转和随机擦除数据增强方法。输出特征采用模型的全局平均池化层(GAP 层)的 2 048 维特征图。

无监督学习实验中,模型训练均采用 Adam 优化器,权重衰减系数为 5×10^{-4},学习率初始化为 3.5×10^{-4},每 10 步衰减 0.1,训练 50 轮。伪标签生成方法采用 DBSCAN 算法,近邻最大距离设置为 0.6。身份识别方法采用前面章节 $k-NN(k=5)$ 分类算法。其他主要参数设置见表 2.27。

表 2.27　参数 v_t 设置

数据集	冲量 v_t
OpenCows2020	0.6
MVCAID100	0.6
CNSID100	0.5
Cattle-2022	0.6

本节采用表 2.27 中相应的模型参数,分别在上述数据集上进行了无监督牛身份识别对比实验。模型性能验证在相应目标集的 query 集上进行。实验结果评价采用 $Top@k(k=1,k=2,k=4)$、mAP 和本书身份识别中采用的 $k-NN$ 准确率。各数据集上的实验结果见表 2.28。

表 2.28　基于对比学习的无监督实验结果

数据集	Top1	Top2	Top4	mAP	准确率
OpenCows2020	93.6	96.8	97.6	45.4	93.8
MVCAID100	83.5	90.1	94.4	28.6	76.8
CNSID100	93.0	95.4	96.1	17.3	85.4
Cattle-2022	71.5	80.1	86.3	20.2	62.7

从表 2.28 中可以看出,基于独立域对比学习的方法不仅在无监督领域自适应牛身份识别任务中具有较好的性能,同时在无监督条件下也具有较好的表现。

第3章 牛脸识别方法

在畜牧金融保险业中,活畜作为牧户主要的资产沉淀,由于缺乏便捷、准确的牲畜个体身份识别技术,所以身份勘验的难度大、可靠性低,造成畜牧业生产贷款难和保险难的问题,严重制约了畜牧业金融、保险的发展,降低了牧民扩大再生产及抵御风险的能力,在一定程度上制约了畜牧业的发展。为推动畜牧金融保险业中牛身份识别难题的解决,本章提出基于字典学习、深度度量学习的牛脸识别方法,为金融保险的相应环节提供便捷、有效的个体身份勘验手段,促进解决畜牧金融保险业中牲畜个体身份识别的基本技术问题,从而解决牧民投保难和贷款难的问题。

3.1 基于字典学习的牛脸识别方法

压缩感知理论打破了传统奈奎斯特采样定律的约束,指出在一定条件下可以利用少量观测值重构信号,是信息处理研究的重要方向之一,并且在计算机视觉、模式识别等领域引起了广泛的关注。特别地,字典学习在压缩感知分类任务中应用显著。Wright 等研究人员提出稀疏表示分类器(Sparse Representation Classifier,SRC)进行人脸识别研究,取得了很好的效果,但受限于字典构造算法,求解出的系数矩阵包含很多的小值非零解,影响了图像表示的稀疏度,导致计算复杂度太高。Li 等研究人员在此基础上提出局部稀疏表示的分类算法,在小范围局部求解,降低计算复杂度。陈才扣等研究人员延续这一思想,在人脸识别中,采用数据剪辑思想,构造较小的超完备字典,进一步降低算法复杂度。

字典学习方法应用于图像分类有两种方式:一种方式是利用字典本身的判别性区分样本,另一种方式是利用重构系数矩阵差异进行分类。在稀疏表示字典构造研究中,常用的方法有解析法和学习法。解析法利用数学工具来构造,如离散余弦、小波相关变换以及参数化字典等。

在农林业工程领域,韩安太等提取农业害虫图像的几何、颜色特征参数,构造解析参数化字典,求解测试样本的重构系数矩阵,利用系数矩阵差异对害虫图像分类。李超等采用解析方法,通过对木材缺陷表面图像做 3 级双树复小波分解,结合粒子群算法提取低频、高频子带、熵等 20 维特征生成解析字典,利用重构向量的残差对活结、死结等四类常见木材缺陷进行分类,取得了较好的效果。

针对小型牧场信息化管理中的牛身份识别任务,笔者提出基于改进 K - SVD 算法、基于图像多通道 K - SVD 算法的牛脸识别方法,并在小规模牛脸识别任务上取得了一定的效果。

3.1.1 基于 K - SVD 的牛脸识别方法

学习法构造字典最著名的是 Olshausen 等研究人员在 *Nature* 上提出的 Sparsenet 字典学习算法,奠定了字典学习的理论基础。之后,Engan 等研究人员提出了最优方向法(Method of Optimal Direction,MOD)算法,该算法利用 L_0 范数约束稀疏性,利用交替优化方法求解字典。Aharon 等提出 K 奇异值分解算法(K - Singular Value Decomposition,K - SVD),该算法利用奇异值分解方式迭代更新字典和系数矩阵,简化了字典求解过程,在字典学习领域得到了广泛应用。

本节将字典学习理论与牛脸识别相结合,通过构造冗余字典原子的线性组合来对样本进行稀疏表示,求解样本在不同字典下的重构误差,进而识别牛脸身份。

1. K - SVD 算法原理

K - SVD 算法的提出将 K - Means 与 SVD 进行了有机结合,通过得到一个对原始样本进行学习的冗余字典,利用其原子的线性组合来实现近似表示。对于样本集合 $\boldsymbol{Y}=[y_1,\cdots,y_N]\in \boldsymbol{R}^{n\times N}$,可以近似描述为 $\boldsymbol{Y}\approx \boldsymbol{DX}$,$\boldsymbol{D}=[d_1,\cdots,d_K]\in \boldsymbol{R}^{n\times K}$ 表示过完备字典,$\boldsymbol{X}=[x_1,\cdots,x_N]\in \boldsymbol{R}^{K\times N}$ 表示 $\boldsymbol{Y}$ 对应稀疏系数构成的矩阵。算法可表示为以下问题的优化,即

$$<\boldsymbol{D},\boldsymbol{X}>=\mathrm{argmin}\parallel \boldsymbol{Y}-\boldsymbol{DX}\parallel_F^2 \text{ s.t. } \forall i,\parallel x_i\parallel_0\leqslant L \tag{3.1}$$

式中:　　　　L——稀疏度;

$\parallel \boldsymbol{Y}-\boldsymbol{DX}\parallel_2^2$——重构误差,即在一定的稀疏约束下,利用最小化重构误差对 $\boldsymbol{D}$ 进行求解。

求解过程大致分为三个步骤:第一步是初始化 $\boldsymbol{D}_0$,在 $\boldsymbol{Y}$ 中随机选取 K 个样本对字典进行初始化。第二步是稀疏编码过程,将式(3.1)中的优化问题转化为求解 $\boldsymbol{Y}$ 对应稀疏矩阵 $\boldsymbol{X}$,这里采用 OMP 算法进行求解,通过不断迭代计算样本向量与字典原子的内积,选择与信号残差最匹配的原子,直到满足稀疏度限制。第三步是字典更新过程,交替优化求解 $\boldsymbol{X}$ 和 $\boldsymbol{D}$。在更新时对 $\boldsymbol{X}$ 中非零列逐次更新,将式(3.1)转化为

$$\parallel \boldsymbol{Y}-\boldsymbol{DX}\parallel_F^2 = \parallel \boldsymbol{Y}-\sum_{j=1}^{K}d_j x_L^j\parallel_F^2 = \parallel \left(\boldsymbol{Y}-\sum_{j\neq k}d_j x_L^j\right)-d_k x_L^k\parallel_F^2$$
$$=\parallel E_k - d_k x_L^k\parallel_F^2 \tag{3.2}$$

式中:d_k——$\boldsymbol{D}$ 的第 k 列;

x_L^k——$\boldsymbol{X}$ 的第 k 行;

E_k——去掉 d_k 列的残差,对其进行 SVD 分解。

K - SVD 在稀疏编码阶段通过求解一个稀疏矩阵来对算法进行优化,通常采用 OMP 算法,具体方法是通过反复迭代求解样本向量与字典原子的内积来寻找一个最佳的正交投影进行信号的稀疏逼近。在利用牛脸图像进行牛个体身份的识别问题上,希望通过输入的牛脸图像尽可能准确地对牛个体进行分类和识别,不需要对原始的牛脸图像进行精准的重构,而对于输入样本的稀疏表达形式提出了不同要求。因此针对分类与识别问题,使残差尽可能地取最小并不是目的,而是需要使稀疏向量的系数尽可能非负。为了使负值系数尽可

能少地出现,在迭代过程中不再选取使内积最大的字典原子作为最优解,而是保留使系数取最大值的原子,将其余原子去除,进而实现稀疏表示的优化。

2. 实验数据

笔者及团队利用手机、数码相机等设备,在内蒙古自治区乌兰察布市察哈尔地区某牧场,采集并制作了牛脸识别数据集 IMCFR20。该数据集中包含 20 头牛,每头牛 20 张牛脸图像,样本大小为 128×128 像素,共计 400 张,样本如图 3.1 所示。

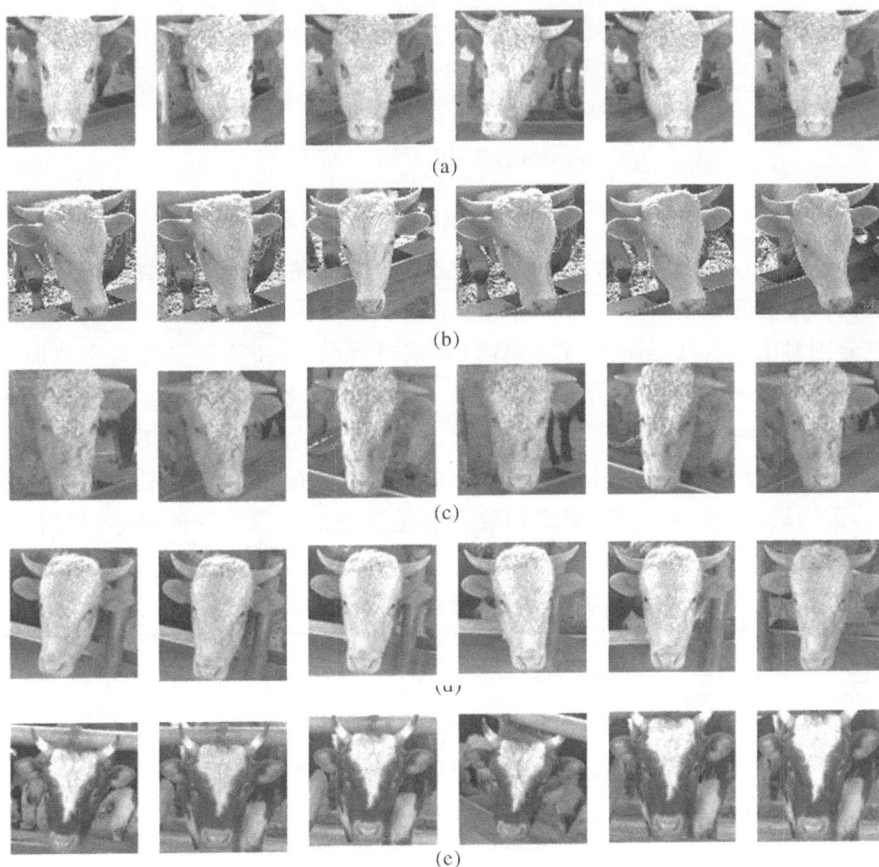

图 3.1　IMCFR20 部分牛脸图像
(a)ID02;(b)ID03;(c)ID06;(d)ID15;(e)ID17

3. 实验结果

实验硬件环境中,CPU 为 Intel Core i7 - 7700K,内存为 32 GB,显卡为 GTX 1080Ti,操作系统采用 Ubuntu16.04,软件平台为 MATLAB 2016a。

实验中,首先进行数据的预处理,将 IMCFR20 数据集中的图像进行灰度变换,针对每个 ID 的样本数据随机选取 70% 作为训练数据,剩余 30% 作为测试数据。在训练阶段,对于每个输入的训练样本,将其分割为 16×16 个块,每块大小为 8×8 像素,之后将依照从左到右、从上到下的顺序排列,得到 64×256 矩阵,进而将所有训练样本映射为 $\mathbf{R}^{64×71\,680}$ 的训练集样本矩阵,迭代次数设为 60,稀疏度阈值为 10,字典原子 K 初始设为 300。由于改变了

K-SVD 的稀疏编码过程中字典原子的选取原则,因此分别测试改进后的算法与原始 K-SVD 算法在不同迭代次数下的重构误差,结果如图 3.2 所示。

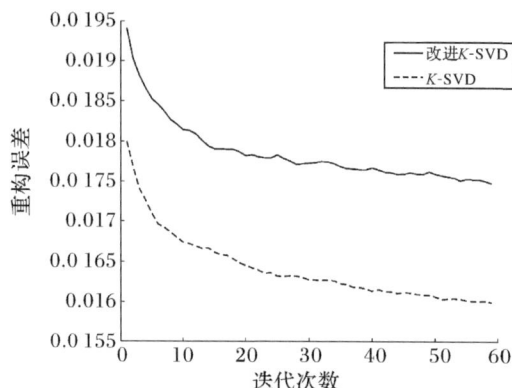

图 3.2　重构误差与迭代次数的关系

通过图 3.2 可以看出将字典原子的选择方式变为保留使系数最大的原子后,相比于原算法的重构性能会有一定下降。为了进一步分析验证改进后算法的识别效果,在 IMCFR20 数据集上分别对 K-SVD 与改进 K-SVD 算法进行测试,由于稀疏度与字典原子的不同取值都会对识别结果产生影响,所以针对以上两个参数分别进行实验。首先分析稀疏度取值的不同对识别效果的影响,分别选取 $L=2$、$L=4$、$L=6$、$L=8$、$L=10$ 进行实验,测试结果见表 3.1。实验表明,改进后算法的识别率增加 3% 左右,提升效果较为明显。随着稀疏度的增加,重构误差会不断减小,但识别效果会呈现先上升后下降的趋势,稀疏度在 $L=6$ 时识别率最佳。

表 3.1　不同稀疏度对识别率的影响

算　法	识别率/(%)				
	$L=2$	$L=4$	$L=6$	$L=8$	$L=10$
K-SVD	83.4	85.1	86.9	86.5	86.1
改进 K-SVD	86.7	88.2	90.1	88.4	89.0

接着分析字典原子数量对识别效果的影响,随机选取每类牛脸图像中的 16 张用于训练,4 张用于测试,共 20 类。稀疏度 $L=6$,字典原子数 K 分别取 300、400、500 进行测试,结果见表 3.2。

表 3.2　不同数量的字典原子对识别率的影响

算　法	识别率/(%)		
	$K=300$	$K=400$	$K=500$
K-SVD	86.8	87.3	88.3
改进 K-SVD	90.1	90.5	90.9

实验表明,在一定范围内增加字典原子个数可以提升识别效果,当 $K=500$ 时,本节算法可以达到 90.9%,具有较好的识别性能。其 K 在 $300\sim500$ 的变化范围内,K-SVD 算法的识别率波动了 1.5%,改进 K-SVD 算法的识别率波动了 0.8%。可见,本节对字典原子数量的改变所造成的结果影响波动较小。

综上所述,在 K-SVD 算法的基础上,对稀疏编码阶段的字典原子选择方式进行了改进,使得改进后的算法更适用于图像分类与识别问题。在构造的牛脸图像数据集 IMCFR20 上的实验结果表明,本节算法的牛脸图像识别准确率达到了 90% 以上,识别效果较好,对通过图像方式进行牛个体身份识别问题提供了一种可行的方案。

3.1.2 基于图像多通道 K-SVD 的牛脸识别方法

在 K-SVD 牛脸识别算法研究的基础上,笔者及其科研团队成员提出了基于图像多通道 K-SVD 的字典学习算法来进行牛脸识别。该算法结合稀疏表示理论,通过 RGB(红、绿、蓝)三通道获取图像更多的分量细节,将三色分量划分为 n(像素)×n(像素)大小的网格重构输入矩阵。利用正交匹配追踪算法(OMP)对重构矩阵进行稀疏表示,结合 K-SVD 算法进行字典更新,为每类样本构造对应通道的学习字典,利用不同样本在每类字典下的重构误差不同判别样本所属类别。

1. 算法原理

在不同通道上提取了图像更多的细节信息与利于分类的隐含信息,有效提高了图像的分类识别精度,算法整体结构如图 3.3 所示。

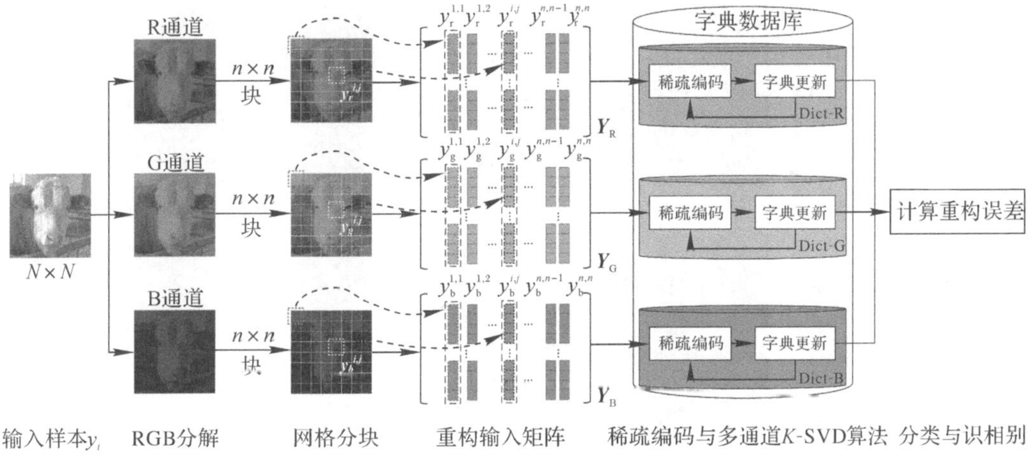

图 3.3 算法整体结构图

在训练过程中,输入的训练样本 y_i(表示第 i 类样本数据)大小为 N(像素)×N(像素),将训练样本 y_i 在 R、G、B 三个通道上进行分解,对每一个通道上生成的图像进行 n(像素)×n(像素)大小的网格切分,得到的每一个图像块的像素大小为(N/n)(像素)×(N/n)(像素)。$y_r^{1,1}$ 表示 R 通道上样本数据的第一个图像块,$y_g^{1,1}$ 表示 G 通道上样本数据的第一个图像块,$y_b^{1,1}$ 表示 B 通道上样本数据的第一个图像块,分别将每个图像块的像素值展成一列,并按照从左往右,从上往下的顺序依次排列,重新构造输入矩阵 $Y_R = \left[y_r^{1,1}, y_r^{1,2}, \cdots, y_r^{i,i}, \cdots, y_r^{n,n} \right]$、$Y_G = \left[y_g^{1,1}, y_g^{1,2}, \cdots, y_g^{i,i}, \cdots, y_g^{n,n} \right]$、$Y_B = \left[y_b^{1,1}, y_b^{1,2}, \cdots, y_b^{i,i}, \cdots, y_b^{n,n} \right]$。

利用 OMP 算法对每类样本数据在三个通道生成的重构矩阵 Y_R、Y_G、Y_B 进行稀疏编码,交替重复进行稀疏编码与字典更新两个过程,当达到设定的迭代次数或重构误差精度满足要求时,停止迭代过程,对于每类样本在 R、G、B 三个通道上分别生成对应的训练字典 Dict-R、

Dict－G、Dict－B,即每类训练样本对应三个训练字典,最后将所有样本得到的字典存入字典数据库中。在增加样本类别后,已经训练好的字典不需要重新训练,只需要针对增加的样本训练对应的字典,并将其存入字典数据库即可。

在测试过程中,对输入测试样本 y_j(表示第 j 类样本数据)在 R、G、B 三个通道上进行分解,按相同方法重构输入矩阵 $\boldsymbol{Y}_R$、$\boldsymbol{Y}_G$、$\boldsymbol{Y}_B$,将 $\boldsymbol{Y}_R$、$\boldsymbol{Y}_G$、$\boldsymbol{Y}_B$ 分别与字典数据库中每类样本对应的 Dict－R、Dict－G、Dict－B 字典进行重构,重构误差采用均方根误差。测试样本 y_j 在某一类样本字典上总的重构误差 Rmse^j 下式求解:

$$\mathrm{Rmse}^j = \alpha \times \mathrm{Rmse}_R^j + \beta \times \mathrm{Rmse}_G^j + (1-\alpha-\beta) \times \mathrm{Rmse}_B^j \tag{3.3}$$

式中:Rmse_R^j——输入矩阵 $\boldsymbol{Y}_R$ 在 Dict－R 字典上的重构误差;

$\quad\;\mathrm{Rmse}_G^j$——输入矩阵 $\boldsymbol{Y}_G$ 在 Dict－G 字典上的重构误差;

$\quad\;\mathrm{Rmse}_B^j$——输入矩阵 $\boldsymbol{Y}_B$ 在 Dict－B 字典上的重构误差;

$\quad\;\alpha$、β——权重系数。

将测试样本与字典数据库中的所有字典一一进行重构,并分别求解重构误差(RMSE),重构误差最小的字典所对应的索引编号即为测试样本所识别的类别编号。

2. 实验数据

数据采集于内蒙古自治区乌兰察布市察右中旗牧场,包含 20 头牛、每头牛 20 张,共计 400 张牛脸图像,图片大小统一为 128×128 像素,样本如图 3.4 所示。

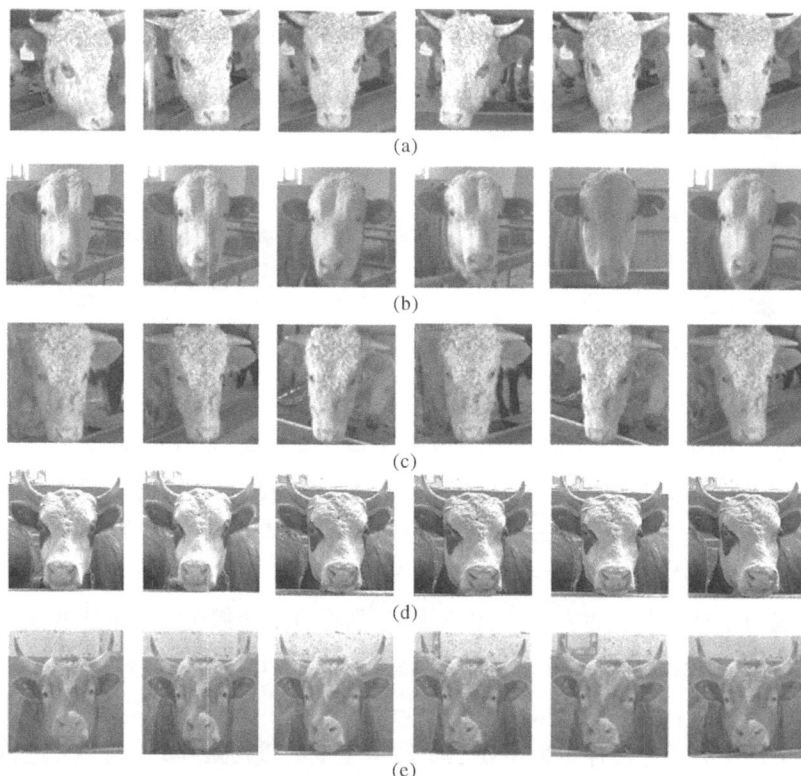

(a)

(b)

(c)

(d)

(e)

图 3.4　部分牛脸图像数据

(a)ID02;(b)ID05;(c)ID06;(d)ID16;(e)ID18

图 3.4 展示了牛脸图像数据集中的部分示例图像。通过分析数据集我们可以发现,牧场的养殖环境(图片背景)十分相似,个别牛只脸部特征相似度较大,如 ID02 和 ID06,进一步增加了识别难度。如果只依靠人的肉眼以及主观判断很难将它们区分开来,为了更好地说明数据集中牛只的区分难度以及展现本节算法的有效性与必要性,利用皮尔森相关系数(Pearson Correlation Coefficient)计算数据集中图像的相似度情况,计算公式为

$$\rho_{X,Y} = \frac{\sum_m \sum_n (X_{mn} - \overline{X})(Y_{mn} - \overline{Y})}{\sqrt{\left(\sum_m \sum_n (X_{mn} - \overline{X})^2\right)\left(\sum_m \sum_n (Y_{mn} - \overline{Y})^2\right)}} \tag{3.4}$$

式中:X_{mn}、Y_{mn}——样本图像;

$\overline{X}$、$\overline{Y}$——图像的均值。

系数 $\rho_{X,Y}$ 越大,代表图像相似度越高,系数 $\rho_{X,Y}$ 越小,代表图像相似度越低。数据集中牛的相似度情况如图 3.5 所示,可以看出不同毛色的牛只区分难度较小,而个别牛只的毛色、花纹相近,相似度在 0.6～0.9 之间,区分难度较大。

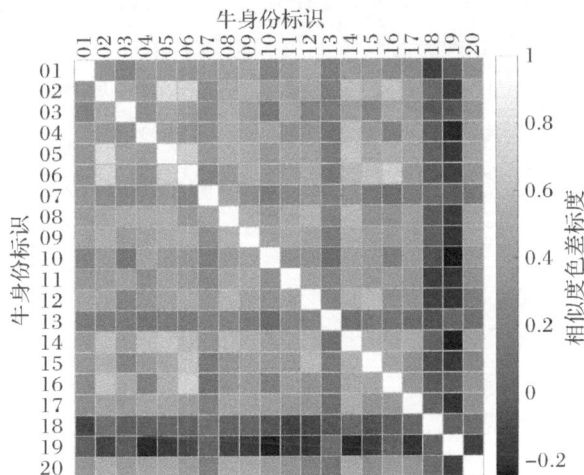

图 3.5 数据集中的牛只相似度

3. 实验结果分析

实验硬件环境为 Intel Core i7 - 7700K 六核 CPU,主频为 4.20 GHz,内存为金士顿 32 GB,显卡为 GTX 1080Ti x 2,操作系统为 Ubuntu16.04,软件平台为 MATLAB 2016a。

首先将数据集中的图像在 R、G、B 三通道上进行分解,之后进行 n(像素)$\times n$(像素)大小的网格切分,将图像分块后有利于学习更多的图像细节信息,n 的取值不宜过大,也不宜过小,在这里取 $n=8$,对应每个像素块大小为 16×16 像素且维度为 3,每类样本选取 15 张图像作为训练集,因此每类训练样本重构的输入矩阵 $\boldsymbol{Y}_R、\boldsymbol{Y}_G、\boldsymbol{Y}_B \in \mathbf{R}^{192 \times 3\,840}$,稀疏度阈值设置为 $L=10$,迭代次数设置为 50,α 和 β 分别设为 0.3 和 0.6。在字典学习过程中,迭代次数对于识别效果会产生一定的影响,以样本 ID05 的数据为例,分别利用 K - SVD 算法以及本节算法重构字典,得到的重构误差与迭代次数的关系如图 3.6 所示。

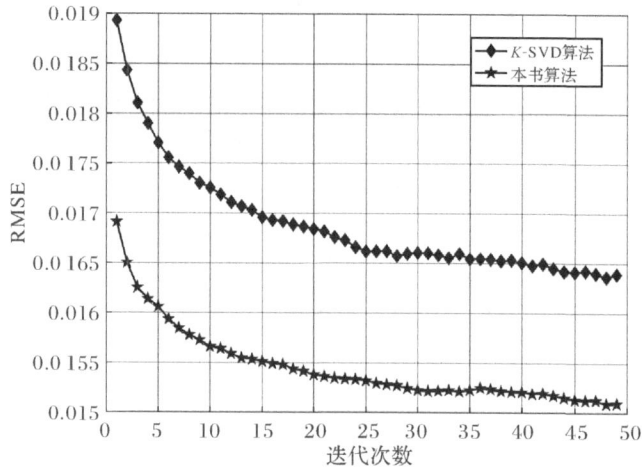

图 3.6　重构误差与迭代次数关系

通过图 3.6,我们可以看到,K-SVD 算法与本节算法在迭代次数达到 40 次以上均可以收敛,K-SVD 算法的重构误差基本稳定在 0.016 5 左右,而本节算法的重构误差基本稳定在 0.015 左右,相比较,本节算法的收敛能力和稀疏表示能力更好。

在进行牛脸识别的过程中,稀疏度的选择也会对识别效果产生影响。以 ID05 样本为例,c05t01、c05t04 分别表示样本 ID05 的第 1 张和第 4 张测试图片,将测试图像分别与字典数据库中存入的 20 类样本字典一一进行比对,其重构误差与稀疏度关系如图 3.7 所示。

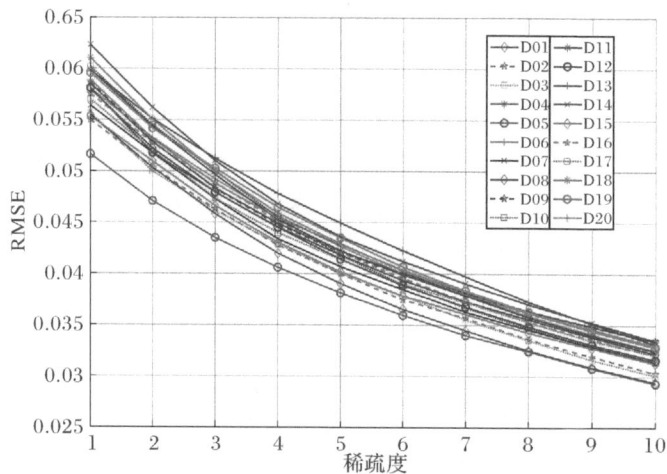

图 3.7　c05t01、c05t04 样本的稀疏度大小与重构误差的关系

我们发现,对于同类样本的不同测试图像,本算法构造的字典具有一定的重构能力和判别能力。随着稀疏度 L 的增大,样本的重构误差逐渐减小,字典的重构能力不断增强,但字典判别能力会有所下降。通过与其他样本数据进行对比,我们发现当稀疏度 $L=6$ 时,字典的识别准确率最高。图 3.8 展示了不同稀疏度下的重构效果,其中,图 3.8(a)~(c)分别代表测试样本在 R、G、B 通道下利用本节算法的重构效果,图 3.8(d)代表测试样本在灰度变化后利用 K-SVD 算法的重构效果。

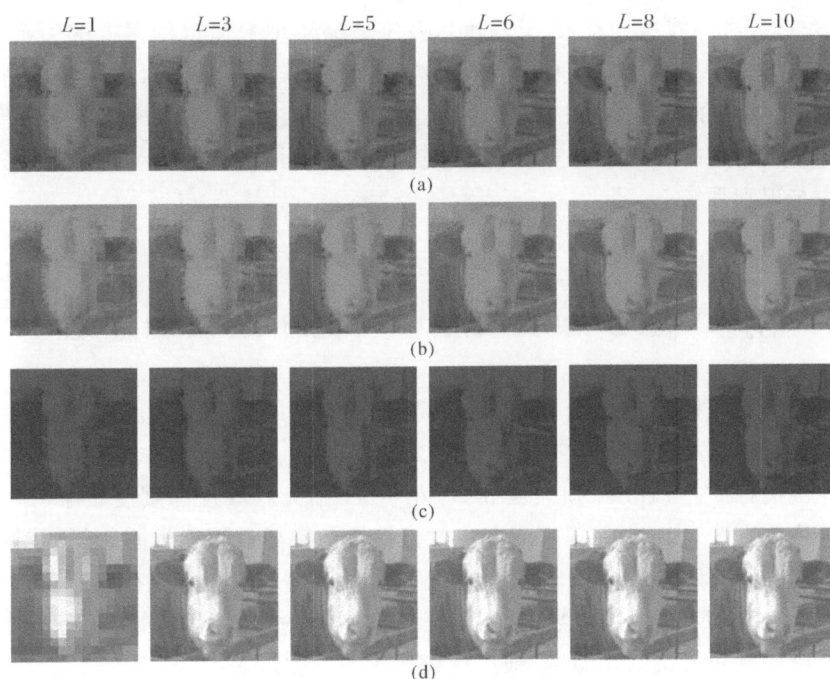

图 3.8　不同稀疏度下的重构效果

为了证明本节方法的优越性,将本节算法与 K-SVD 算法、SRC 算法进行比较,数据样本大小为 128×128 像素,选取每类牛脸图像样本中的 15 张作为训练样本,5 张作为测试样本,训练集共计 300 张,测试集共计 100 张。针对 K-SVD、SRC 算法,稀疏度 $L=6$,字典原子分别取 $K=200$、$K=400$、$K=600$ 进行测试,对比试验结果见表 3.3。

表 3.3　对比实验结果

算　法	字典原子数 K	识别率/(%)
K-SVD 算法	200	86.4
	400	87.3
	600	88.8
SRC 算法	200	90.1
	400	91.2
	600	91.9
本节算法	200	90.2
	400	91.7
	600	92.9

通过表 3.3 可以发现,识别准确率随着字典原子个数的增大而增长。本节算法相比于 K-SVD 算法识别率提升了 4% 左右,相比于 SRC 算法提升了 1%。由此可见,该算法针对牛脸图像识别问题提出了有效的解决思路。

基于图像多通道 K-SVD 的字典学习算法,利用 RGB 多通道采集图像更多的细节信息与分量信息,通过寻找迭代次数、稀疏度以及字典原子个数与重构误差的关系,有效减小图像的重构误差,进一步提高图像分类识别精度。由于采用多通道对每类样本进行图像分解并构造对应字典,在识别过程中,需要一一进行匹配,延长了算法的识别时间,下一步的研究将在保证识别精度的基础上针对识别速率进行改进,同时结合目标检测模型搭建实际牧场牲畜检测与识别系统。

3.2 基于深度度量学习的牛脸识别方法

深度度量学习的任务是设计 DCNNs 模型,构造有效的损失函数,使得特征空间中同类特征之间的度量距离小于不同类特征间的距离。换言之,可从图像中提取具有较高可分辨性和可辨识性的特征。Triplet 损失函数和 SoftMax 损失函数是深度度量学习中构造目标函数的两种主要方法。Triplet 损失函数通过直接增加特征空间的类间边缘、使锚点和有相同身份的正样本间的距离最小化、使其与负样本间的距离最大化来进行人脸识别,取得了十分显著的效果。SoftMax 损失函数中,在特征和权重归一化后,特征分类任务的作用最大化同类样本特征向量间的余弦相似度,被广泛应用于深度度量学习。

本节提出基于改进 SoftMax 和致密度量损失函数的牛脸识别模型,即利用改进的去偏置项 SoftMax 损失函数优化特征空间中的特征分布,提高特征线性可分辨性,解决特征归一化后在投影超平面上的重叠问题。利用致密度量损失函数改善特征分布的紧凑性和可辨识性,同时保护了同一类样本分布的多样性,进而提高了牛身份识别准确率。采用深度度量学习的方法识别牛只身份,解决了当牧场牛群规模和数量变化时需要重新训练模型的问题,方便于模型在牧场中的部署和应用。

3.2.1 算法原理

基于改进 SoftMax 和紧致度量损失的模型监督算法利用去偏置项 SoftMax 损失函数解决特征归一化后在超球面出现特征重叠的问题,结合紧致度量损失函数进一步提高同类特征的聚类能力,缩小类内差距,改善特征空间的分布。在测试中,采用训练好的 Resnet50 卷积神经网络为特征提取模型提取 256 维牛脸图像特征,并将提取的牛脸图像特征输入 k 最近邻(k - NN)分类器中进行分类,进而识别牛只个体身份,详细结构如图 3.9 所示。

标准 SoftMax 公式表示为

$$L_{\text{softmax}} = -\frac{1}{n} \sum_i^n \log \frac{\exp(\boldsymbol{w}_i^{\mathrm{T}} \boldsymbol{f}_i + \boldsymbol{b}_i)}{\sum_j^c \exp(\boldsymbol{w}_j^{\mathrm{T}} \boldsymbol{f}_i + \boldsymbol{b}_j)} \tag{3.5}$$

式中: n——总体训练样本个数;

$\boldsymbol{w}_i$、$\boldsymbol{w}_j$——第 i 类、第 j 类的分类权重向量;

$\boldsymbol{f}_i$——第 i 个牛脸图像的特征向量;

$\boldsymbol{b}_i$——偏置项;

c——总类别数。

(a)

(b)

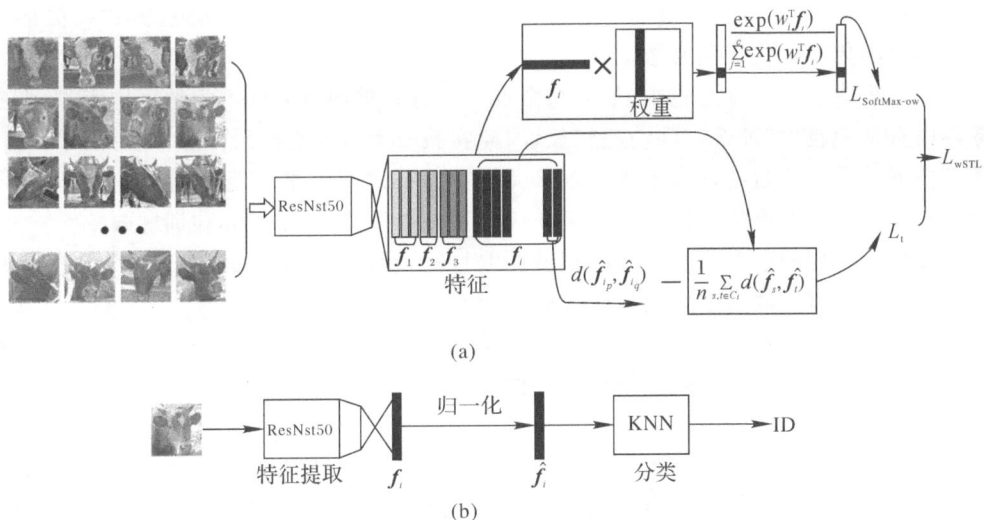

图 3.9　算法结构和牛只身份识别流程

(a)训练阶段；(b)测试阶段

在 2.1.2 节中,笔者详细分析了标准 SoftMax 损失函数监督训练的 DCNNs 模型提取出的特征分布特征,针对其中偏置项对分布的影响,本节也采用去偏置项的 SoftMax 损失函数解决投影超球面的特征重叠问题,以提高特征线性可分辨性。去除偏置项的 SoftMax 损失函数表示为

$$L_{\text{softmax-ow}} = -\frac{1}{n} \sum_{i}^{n} \log \frac{\exp(\boldsymbol{w}_i^{\mathrm{T}} \boldsymbol{f}_i)}{\sum_{j}^{c} \exp(\boldsymbol{w}_j^{\mathrm{T}} \boldsymbol{f}_i)} \tag{3.6}$$

去偏置项 SoftMax 损失函数训练模型时,会强制监督模型学习到呈现标准放射状的特征分布,进而消除特征在原点处聚集现象,解决了投影超平面上的特征重叠问题,提高了超球面上特征的可分辨性。

在本节实验中,将牛脸识别问题看作开集分类问题,要求异类特征间分布距离较大、同类特征间分布距离较小。为进一步提高超球面上特征分布的紧凑性和可辨识性,实验引入紧致度量损失函数,惩罚特征间距离小于同类样本间平均距离的特征点,提高特征点聚类能力。

紧致损失函数表示为

$$L_t = \sum_{C_i \in C_{i_p}} \sum_{,i_q \in C_i} \max\{0, d(\hat{\boldsymbol{f}}_{i_p}, \hat{\boldsymbol{f}}_{i_q}) \frac{1}{n} \sum_{s,t \in C_i} d(\hat{\boldsymbol{f}}_s, \hat{\boldsymbol{f}}_t)\} \tag{3.7}$$

式中：　　　　　　　C_i——属于第 i 类样本的个数；

$\qquad\qquad\qquad C$——训练数据集中的样本个数；

$\qquad\quad \boldsymbol{f}_{i_p}、\boldsymbol{f}_{i_q}$——第 i 类内任意两个不同样本的特征；

$\qquad d(\hat{\boldsymbol{f}}_{i_p}, \hat{\boldsymbol{f}}_{i_q})$——特征点之间的欧氏距离；

$\dfrac{1}{n} \sum\limits_{s,t \in C_i} d(\hat{\boldsymbol{f}}_s, \hat{\boldsymbol{f}}_t)$——第 i 类特征的平均距离。

若类内特征点 f_{i_p} 与 f_{i_q} 的距离大于类内平均距离时产生紧致损失,紧致损失函数通过优化器反向传递优化模型参数。

在特征提取模型训练过程中,如果每个批次都计算类内所有样本间的平均距离,那么对服务器内存消耗较大,训练时间消耗较长,因此实验采用类内均衡采样法,即每次采样时,同一类别内采集一定数量的样本用于求解该类样本特征之间的平均距离,利用小批次样本的平均距离代替类内所有样本的平均距离来计算紧致损失,提高了采样和训练效率。

在实验中采用深度卷积神经网络模型提取特征,利用无偏置 SoftMax 和紧致度量损失函数进行联合监督。联合监督损失函数表示为

$$L_{wSTL} = L_{SoftMax-ow} + \beta \times L_t \tag{3.8}$$

式中: β——控制紧致度量损失的约束比例;

L_t——紧致损失函数。

SoftMax - ow 损失函数在模型训练中获得的特征呈标准线性可分分布,在测试中对超球进行归一化后特征的可分性增强,使特征在超球面上分布的重叠问题得到改善,同时紧致度量损失函数使特征分布更加紧凑,提高了特征学习可辨别能力。

3.2.2 实验数据

笔者和团队成员制作了牛脸识别数据集 CattleFace2022,其中包含不同视角、不同姿态和不同光照条件下的 400 头牛的 12 736 张牛脸图像,大小为 500×500 像素,样本如图 3.10 所示。

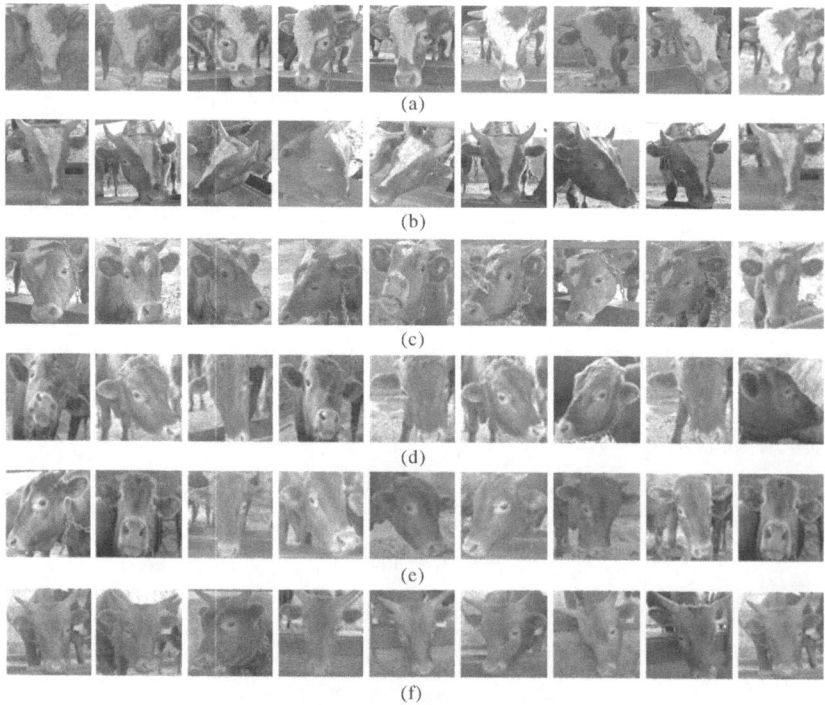

图 3.10 CattleFace2022 数据集示例

(a)21000000015;(b)21000000007;(c)21000000042;(d)21000000014;(e)21000000018;(f)21000000086

3.2.3　实验结果及分析

深度学习框架基于 Ubuntu18、Pytorch 1.7.1 搭建深度学习框架,利用结合改进 SoftMax 的紧致度量损失在 CattleFace2022 数据集上训练特征提取模型。特征提取网络采用 ResNet50,特征维度为 256 维,利用 k-NN 分类器进行特征分类识别身份。

训练时,采用类均衡采样法进行采样,确保每批次中有足够的正样本用于求解紧致损失中同一类样本特征之间的平均距离。每批次随机采集 16 类样本、每类样随机选取 4 张,共 64 张图像。优化器选用 SGD 优化方法,初始学习率设置为 0.1 并按照指数衰减,衰减率为 0.1。模型迭代训练 100 个周期,识别准确率取模型收敛后的最高准确率。

将 CattleFace2022 牛脸识别数据集按照牛只数量 1∶1 划分为两部分,识别开集率为 50%,第一部分含有牛 200 头、牛脸图像 6 413 张;第二部分含牛 200 头、牛脸图像 6 323 张。两部分数据集轮流作为身份可见集和身份不可见集进行交叉验证。其中身份可见集用于模型训练,身份不可见集中每头牛的图像按照 7∶3 比例划分为 k-NN 分类器的训练集和测试集,测试集上 k-NN 分类的准确率作为牛只身份识别准确率。

在对比实验中,本节以 ArcFace 损失函数作为基准,做了对比实验。同时,本节做了性能消融实验,分别对比了标准 SoftMax 损失函数(SoftMax)、去偏执项 SoftMax 损失函数(Softmax-ow)以及标准 SoftMax 结合紧致损失函数(SoftMax-ow+Lt),用于验证无偏置项 SoftMax 损失函数和紧致损失函数在模型识别性能中的作用。实验结果见表 3.4。

表 3.4　不同模型性能对比结果

模　型	识别准确率/(%)		
	实验 1	实验 2	平均准确率
ArcFace	94.31	94.24	94.28
SoftMax	96.28	97.18	96.73
Softmax-ow	96.06	97.34	96.70
SoftMax+Lt	97.16	97.45	97.31
SoftMax-ow+Lt	97.38	97.84	97.61

表 3.4 中实验 1 与实验 2 为 2 重交叉验证实验。实验 1 中将第一部分数据作为身份可见集训练模型,第二部分数据作为身份不可见集验证模型;实验 2 将二者对调,进行交叉验证。

从表 3.4 中可以看出,SoftMax-ow+Lt 模型的识别准确率在所有模型中最高,为 97.61%,较 ArcFace 模型和 SoftMax 模型分别提高了 3.33% 和 0.88%,这说明本算法可有效识别牛只身份。SoftMax+Lt 模型的识别准确率(97.31%)较 SoftMax 模型(96.73%)提高了 0.58%,说明紧致损失函数通过最小化同类样本特征间的距离与类内平均距离的差值,增强了同类特征分布的紧凑性,进而提高了模型识别的准确率。SoftMax-ow+Lt 模型的识别准确率较 SoftMax+Lt 模型高 0.30%,这说明去偏置项 SoftMax 损失函数通过解决投影超平面上的特征重叠问题,进而提高特征分布的可分辨性,提高了识别准确率。

本节给出了标准 SoftMax 损失函数训练的模型与 SoftMax-ow+Lt 损失函数训练的模型的识别效果,如图 3.11 所示。

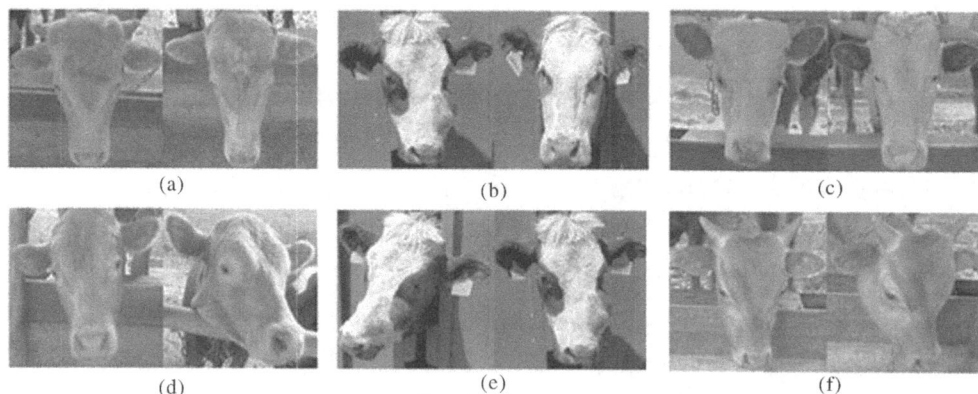

(a)　　　　　　　　　(b)　　　　　　　　　(c)

(d)　　　　　　　　　(e)　　　　　　　　　(f)

图 3.11　SoftMax 损失与 SoftMax‐ow＋Lt 损失监督下模型的识别效果

在图 3.11 中,每组牛脸图像对左侧为待识别图像,右侧为识别结果图像。图 3.11(a)～(c)为在 SoftMax 损失训练下模型的错误识别结果,图 3.11(d)～(f)为在 SoftMax‐ow＋Lt 损失训练下模型的正确识别结果。由此可见,标准 SoftMax 训练得到的模型提取出的特征可分辨能力较弱,会将相似度较高的不同身份的牛脸图像识别为同一只牛。而本算法结合去偏置项 SoftMax 损失和紧致损失函数训练模型,增加了同一类样本的特征分布的紧凑性,加大了不同类别的样本特征之间的距离,可以将相似度较大的牛区分开来,进而提高了识别准确率。

3.2.4　牛脸识别应用系统设计

为方便保险人员对牛脸识别系统的操作,笔者及其科研团队基于 Vue 和 Flask 框架设计了牛脸识别应用系统,系统对外提供 Restful 类型的接口,方便保险人员的操作。系统通过 Vue 框架对系统的前端进行设计与实现,用 Flask 框架对系统的后端进行实现,并且完成与数据库的连接。前端后端通过 axios 接口进行数据的通信与更新。牛脸识别应用系统结构如图 3.12 所示。

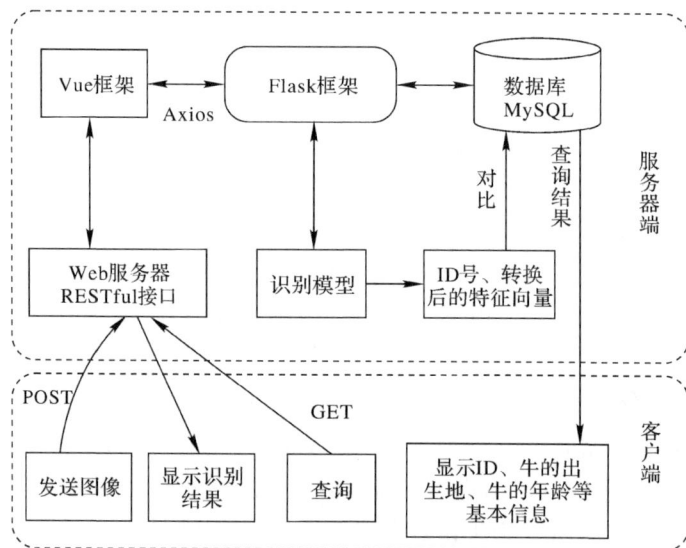

图 3.12　牛脸识别应用系统结构

　　用户在使用本系统时,通过访问系统对外提供的接口,根据用户名和密码完成用户登录。本系统将用户分为普通用户和超级用户。普通用户能完成牛脸信息的录入、验证等功能,超级用户完成对牛的信息进行删除、修改等操作。牛脸识别结果如图 3.13 所示。

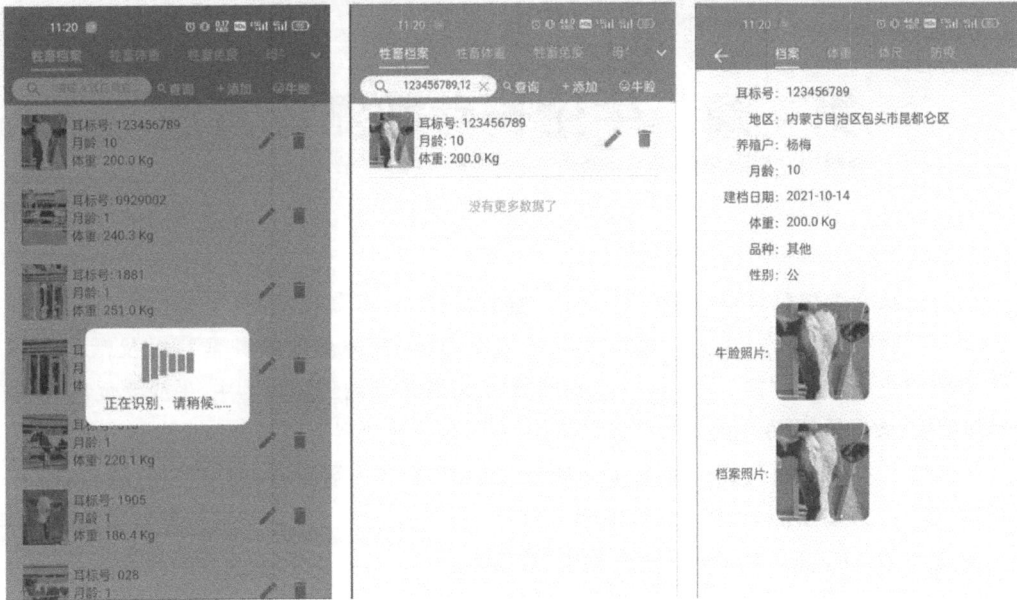

图 3.13　牛脸识别系统应用效果

第4章　牛生长参数测量方法

　　牛的生长参数包括体高、体长、体斜长、胸围、腹围和体重等,能够直接反映牛的发育状况、生产性能及遗传特性,是大中型养殖场科学化养殖、育种基地品种繁育以及活牛市场信息化交易的重要指标数据。然而,目前的测量方式仍然以人工测量为主,牛应激反应强、测量劳动强度大、效率低,导致牛的生长信息采集能力弱,畜牧业数字生产能力和赋能能力不足。

　　牛的生长参数分布及测点如图 4.1 所示,其中,A 点为鬐甲点、B 点为肩端点、C 点为坐骨端、E_x 点为胸围测点、F_x 为腹围测点、G 点为地面。E_t、E_b、E_l、E_r 分别为胸围测点,腹围测点为 F_t、F_b、F_l、F_r,用于拟合胸围、腹围曲线。

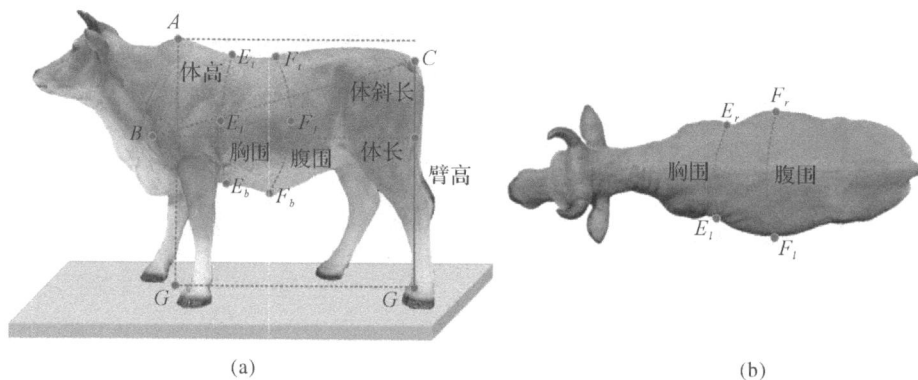

图 4.1　牛生长参数及生长参数测点分布示意图

　　笔者及科研团队从 2015 年开始,尝试探索牛、羊生长参数测量方法,围绕如何快速、准确、便捷地测量牛生长参数的问题,提出了基于单目相机、深度相机、双目深度估计和多机位融合的测量方法,结合传统图像处理算法和深度学习算法,不断推进解决牛生长信息采集能力不足、数字生产能力和赋能能力不足的问题。

4.1　基于 Mask R - CNN 的生长参数测量方法

　　为解决人工测量牛只生长参数时工作量大、牛应激反应剧烈等问题,笔者及其科研团队提出了基于 Mask R - CNN 分割算法的牛只生长参数测量的方法。该方法通过摄像头采集牛侧身图像,利用 Mask R - CNN 分割牛的目标区域并提取牛体轮廓曲线。之后,对曲线进行平滑处理,并采用分区法划分特征区域,在特征区域内利用 U 弦长曲率法计算曲率并将曲率最大点作为生长参数测点,进而计算牛只生长参数信息。

4.1.1　系统结构

基于 Mask R-CNN 的牛生长参数测量系统主要测量牛的体高、体长和体斜长,生长参数测点如图 4.2 所示。其中 A 为鬐甲点,B 为肩胛前端点,C 为坐骨端点,G 点为地面。AC 为牛体体长,BC 为体斜长,AG 为体高。

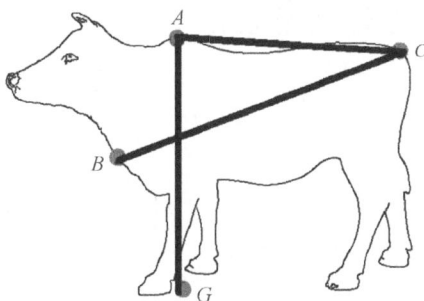

图 4.2　牛体轮廓与特征点

该系统主要包括图像采集层、算法层和应用层,系统结构如图 4.3 所示。采集层利用摄像头采集牛侧身图像,并传输到算法层。算法层包括目标分割、生长参数测点提取以及生长参数计算。首先,利用 Mask R-CNN 分割图像中的目标并提取轮廓曲线。其次,利用分区法划分测量区域,采用 U 弦长曲率计算方法计算采样点曲率并将曲率最大的点作为生长参数测点,进而计算牛的生长参数。最后,基于 PyQt5 和 MySQL 数据库搭建应用系统,实现牛生长参数测量和生长信息建档及管理。

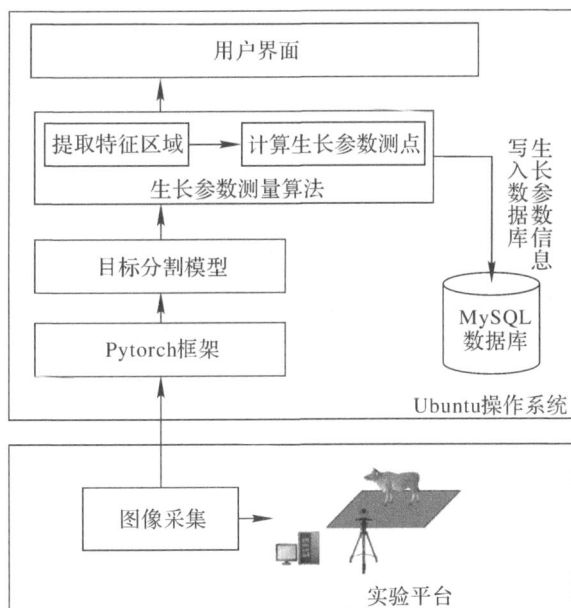

图 4.3　系统结构图

4.1.2 生长参数测量算法

本系统采用 Mask R-CNN 目标分割算法,算法原理和基本结构如图 4.4 所示。模型利用深度卷积神经网络模型 ResNet101 作为特征提取模块,并引入特征金字塔网络(Feature Pyramid Networks,FPN)模块,在不增加计算量的同时,提升多尺度特征的提取能力。提取到的特征图送入区域候选网络(Region Proposal Network,RPN)推选目标区域(Region of Interest,ROI),利用 ROI Align 池化操作对齐特征维度。之后,再经过目标分类、边框回归和像素分割多任务生成分割掩码。

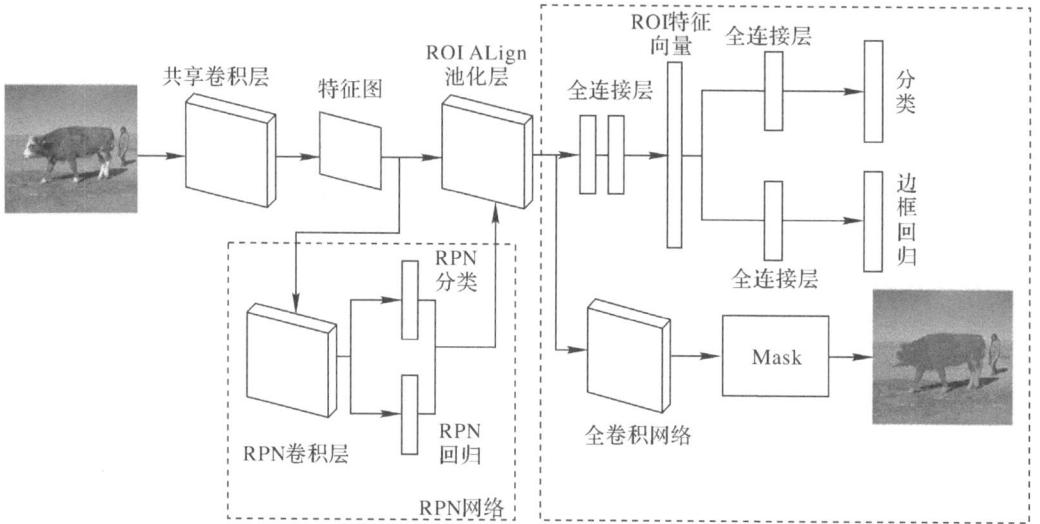

图 4.4 Mask R-CNN 算法原理和基本结构图

该系统利用摄像头采集牛侧身图像,输入 Mask R-CNN 模型生成目标分割掩码图,进而利用轮廓提取算法获取目标轮廓。其中,原始图像、掩码图像以及轮廓图像如图 4.5 所示。

(a)   (b)   (c)

图 4.5 目标牛体轮廓图

(a)原始图像;(b)掩码图像;(c)轮廓图像

为自动提取生长参数测点,本系统采用分区法将牛只的轮廓曲线分为三个生长参数特征区域,如图 4.6 所示。从图中可以看出,牛只前、后蹄点处于轮廓线的最下方位置,且前、后蹄点轮廓线分辨明显,易于提取。因此,区域Ⅰ定义为轮廓左端点到前足点,区域Ⅱ为前足点到轮廓中心点,区域Ⅲ为牛只轮廓中心点到牛只轮廓右端点。

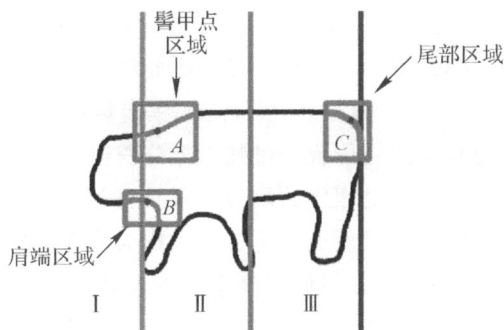

图 4.6 生长参数测点分布区域划分

牛足点定义为轮廓线最低坐标点，并采用逐点扫描法搜索前、后足点。系统测量时，必须保持牛平行站立于镜头，并且牛只头部在左、尾部在右，进而便于分辨前、后足点。在搜索到第一个足点后，根据上述划分标准将轮廓分为Ⅰ、Ⅱ、Ⅲ区域。

区域自动划分后，将尾部测点区域定位于区域Ⅲ，按照测量经验，以左端点为起点，将轮廓曲线轮廓左、右端点间距的 0.85～1.1 倍作为尾部特征区域的宽，轮廓线上、下端点（极值点）的 0.9～1.1 倍的距离作为尾部特征区域的高，进而画出尾部测点区域。

髻甲点测点区域定位于Ⅰ、Ⅱ区交界，按照测量经验，利用Ⅰ、Ⅱ区域分界线为中线，并将其与轮廓左侧端点距离的 0.9～1.1 倍作为髻甲点测点区域的宽度，以前足点为起点、轮廓线上、下端点（极值点）的 0.9～1.1 倍的距离为高，画出髻甲点测点区域。

对于肩端测点区域定位于Ⅰ、Ⅱ区交界，按照测量经验，利用Ⅰ、Ⅱ区域分界线为中线，并将其与轮廓左侧端点距离的 0.9～1.1 倍作为髻甲点测点区域的宽，以前足点为起点、轮廓线上、下端点（极值点）距离的 0.4～0.6 倍为高，画出肩端测点区域。

在此基础上，在尾部测点、髻甲点测点、肩端测点区域的局部轮廓线上，分别采用 U 弦长曲率法计算相应区域内轮廓线上采样点的曲率，并将曲率最大点作为该部位的生长参数测点。

4.1.3 生长参数计算

为计算生长参数，采用地面分区标定的方法，为牛的不同站立区域标定不同的距离/像素比，地面区域划分如图 4.7 所示。

图 4.7 生长参数测量示意图

在测试中，将牛圈出口通道作为测量区域，距离摄像头 150 cm。在测量区域，按照

60 cm 间隔分区,并按区域标定距离/像素比,获取每个区域的图像像素和实际长度的转换参数。总共分为四个测量区域,牛站立区域通过轮廓曲线中牛只前蹄落点判定。

区域分界线作为标定面,采用 20 cm×20 cm 的棋盘格进行标定,得到该分界线上的像素比例,每个分区中不同位置按照其位置通过线性差分获得。在像素/距离比差分细化的基础上,牛只实际体长、体高、体斜长由相应的测点计算后按照比例获得。其中计算体高时选取髻甲点,利用髻甲点到轮廓曲线最低点的垂直距离作为体高的像素长度。测量体长时,选取髻甲点和牛尻点横坐标的距离作为体长的像素长度。计算体斜长时,体斜长的像素长度为牛尻点与肩端点的直线距离。

4.1.4 实验测量结果

牛生长参数测量实验主要分为模型测试和现场测试。模型测试中,在实验室搭建模型牛生长参数测量实验环境,测量模型牛站在不同测量区域时的生长参数。之后,笔者及其研究团队在内蒙古苏尼特实验牧场,选取 5 头牛作为实验样本,在牛圈出口通道进行现场生长参数测量实验。测试环境和测点提取效果如图 4.8 所示。

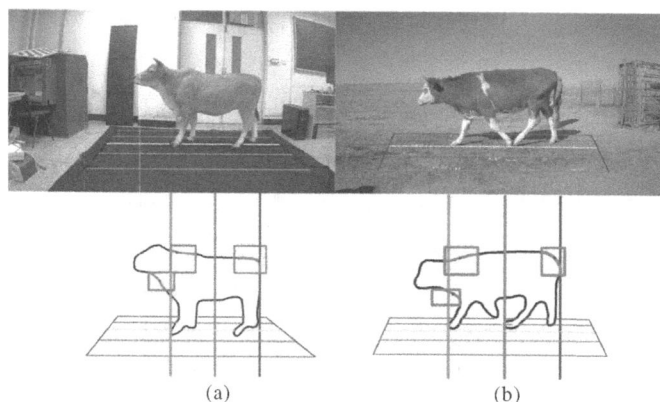

图 4.8　测量效果图

在实验测量中,用卷尺测量模型牛以及牧场牛的体高、体长、体斜长三项数据各 10 次,取平均值作为实验样本的真实值。实验时,分别在实验室和牧场搭建生长参数测量系统,采集牛侧身图像并计算生长参数。每头牛过通道时采样 10 张图像,取测量均值。

图 4.8(a)为实验室测试环境,利用该系统自动测量模型牛站在不同测量区域内的生长参数信息,测量结果见表 4.1。图 4.8(b)为苏尼特牧场真实养殖场中的牛只生长参数测量现场和测点提取效果,测量详细结果见表 4.2。

表 4.1　实验室模型牛测量结果

测量区域	体　长			体　高			体斜长		
	真实值	测量值	误差	真实值	测量值	误差	真实值	测量值	误差
	cm	cm	(%)	cm	cm	(%)	cm	cm	(%)
1	107	110.48	3.25	105	107.42	2.30	133	137.86	3.65
2	107	110.91	3.65	105	107.36	2.25	133	137.75	3.57

续表

测量区域	体　长			体　高			体斜长		
	真实值 cm	测量值 cm	误差 （%）	真实值 cm	测量值 cm	误差 （%）	真实值 cm	测量值 cm	误差 （%）
3	107	110.80	3.55	105	107.38	2.27	133	138.52	4.15
4	107	111.03	3.77	105	108.26	3.10	133	138.16	3.88

表 4.2　真实场景中测量实验结果

测量区域	体　长			体　高			体斜长		
	真实值 cm	测量值 cm	误差 （%）	真实值 cm	测量值 cm	误差 （%）	真实值 cm	测量值 cm	误差 （%）
1	130	139.39	7.22	129	135.45	5.00	147	136.28	7.29
2	143	132.49	7.35	136	144.16	6.00	156	169.73	8.80
3	120	127.38	6.15	110	114.68	4.25	135	147.06	8.93
4	135	144.42	6.98	133	140.45	5.60	147	132.99	9.53
5	140	149.12	6.51	142	136.51	3.87	149	159.83	7.27

本节提出的测量方法利用 Mask R-CNN 模型提高了目标分割的准确率,进而增强了真实场景下生长参数测点提取的准确率。在实验室环境中,基于 Mask R-CNN 的生长参数测量方法针对模型牛在不同区域内测量的体长数据与人工测量的数据信息相对误差不超过 3.56%,体高测量数据与真实数据信息相对误差不超过 2.48%,体斜长相对误差不超过 3.81%。在真实养殖环境中,体高的实测值平均相对误差较小,其平均相对误差为 4.94%;其次为体长,平均相对误差为 6.84%;而对牛体体斜长检测误差较大,平均相对误差为 8.36%。

4.2　基于 Kinect 深度传感器的生长参数测量方法

本节将给出一种基于 Kinect 软件传感器的牛生长参数测量方法,采集彩色和深度图像,结合目标检测、Canny 边缘检测、三点圆弧曲率等算法提取生长参数特征点进而计算牛的鬐甲高、臀高、体长和体斜长。

4.2.1　系统结构

基于 Kinect 软件的牛生长参数测量方法包括牛生长参数特征部位检测算法、牛生长参数测点提取算法和牛生长参数计算方法三个部分,如图 4.9 所示。

在该方法中,首先,笔者制作了牛生长参数特征部位检测数据集,利用深度学习 YOLOv5 目标检测算法检测彩色图像中的牛生长参数特征部位,并将其映射到深度图像。其次,在深度图像生长参数特征局部图上基于 Canny 边缘检测算法、轮廓提取算法以及多项式拟合方法拟合生长参数特征部位轮廓,之后利用三点圆弧曲率算法在特征轮廓上提取牛生长参数测点。最后,利用深度信息将二维图像中测点信息转换到三维坐标系下,并在三维坐标系下计算牛的生长参数。

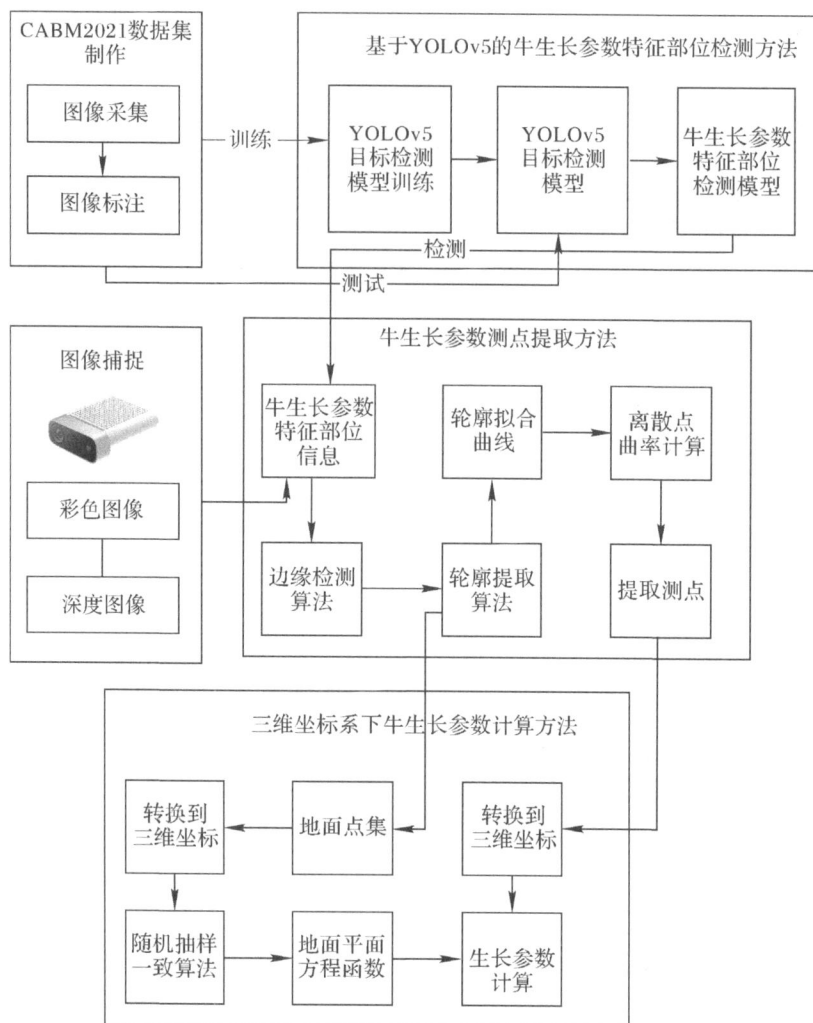

图 4.9　系统结构图

4.2.2　生长参数特征部位检测算法

目标检测是对图像中的目标进行识别和定位。近年来,随着深度学习理论和技术的发展,基于深度卷积神经网络的目标检测算法发展迅猛,极大地提高了计算机视觉中目标检测任务的性能。

本节提出基于深度学习目标检测模型的牛生长参数特征部位检测方法,检测图像中牛(Cattle)、牛头(Head)、躯干(Body)、牛尻(Tail)、前后关节(Joint)和牛足(Hoof)等关键部位。

首先,笔者及其科研团队从内蒙古苏尼特左旗和察哈尔右旗牧场采集了大量牛彩色图像,完成了牛(Cattle)、牛头(Head)、躯干(Body)、牛尻(Tail)、前后关节(Joint)和四个牛足(Hoof)部位的标定,制作了牛生长参数特征部位数据集 CABM2021。将 CABM2021 数据集按照 4:1 的比例划分为训练集和测试集,训练 YOLOv5s 目标检测模型,检测生长参数特征部位。

本节在 RTX2080Ti GPU、Pytorch1.60、Cuda10.1 软/硬件条件下训练了目标检测模型 YOLOv5,初始学习率为 0.01,采用随机最速下降法(动量为 0.937),权重衰减系数为 0.000 5,训练最大迭代轮数为 300,输入图像大小为 640×640 像素,批次的大小为 16。

平均准确度(AP)是准确率和召回率曲线围成的面积大小,是评价深度学习目标检测模型每个类别检测好坏的重要指标。全类平均准确度(mean Average Precision,mAP)是所有类别 AP 值的均值,是衡量模型好坏的重要指标。本节 YOLOv5 训练过程中交并比(Intersection over Union, IoU)为 0.5 条件下 Loss(损失)和 mAP 曲线如图 4.10 所示。

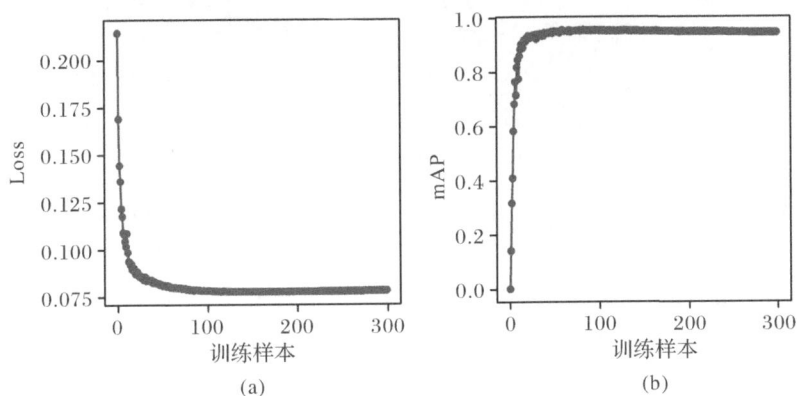

图 4.10　YOLOv5 训练过程 Loss 曲线和 mAP 曲线

(a)Loss 曲线;(b)mAP 曲线

将训练完成模型在训练集和测试集上标注的 6 个类别进行测试,AP 值见表 4.3。

表 4.3　训练集和测试集各类别平均准确度

类　别	平均准确度	
	训练集	测试集
牛(Cattle)	0.961	0.965
牛头(Head)	0.981	0.985
躯干(Body)	0.969	0.972
牛尻(Tail)	0.899	0.915
关节(Joint)	0.92	0.942
牛足(Hoof)	0.948	0.949

此外,模型对不同种类牛在不同背景和不同环境下的牛生长参数特征部位检测效果也较好,测试结果如图 4.11 所示。

图 4.11　YOLOv5 特征部位检测效果

　　在特征部位检测的基础上,根据其空间关系,利用牛头的位置可将牛生长参数关键特征部位中的关节部位(joint)划分为前关节(joint1)和后关节(joint2)、牛足部位(hoof)划分为前足(hoof1)和后足(hoof2)。此外,根据牛身体部位关系可知,牛鬐甲点测点水平位置处于牛前足上方,牛肩胛处测点在牛的前关节附近,牛坐骨处测点在牛尾端附近,地面点集可由牛足平面确定。

　　在此基础上,建立牛生长参数特征关键部位牛鬐甲点测点部位、牛肩胛处测点部位、牛坐骨处测点部位空间分布,如图 4.12 所示。其中黑色的阴影点为深度相机采集信息失效的点,这是由传感器采集深度信息的误差导致。

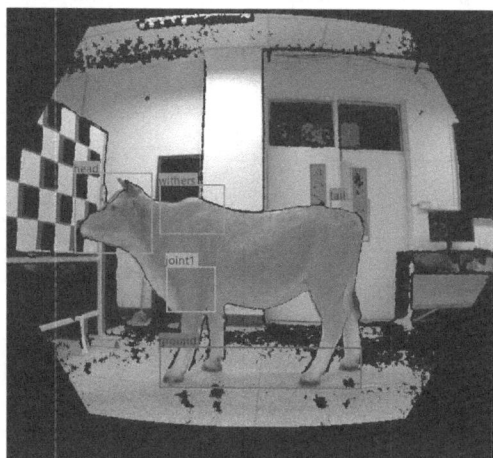

图 4.12　处理后的关键部位

4.2.3　生长参数部位轮廓及测点提取方法

通过边缘检测得到的二值图像并非简单的边缘轮廓,而是带有多条复杂信息的轮廓。本节在鬐甲、肩胛和坐骨三处测点局部区域首先进行高斯平滑抑制噪声。之后,在去除噪声后的平滑图像上根据边缘部位的几何特征,运用双阈值的 Canny 边缘检测算法进行边缘检测,得到含有多条轮廓信息的二值图像。由于测点所在关键轮廓长度最长,所以从含有多条轮廓的轮廓集合中筛选出最长的一条轮廓作为关键轮廓进行测点提取。

由于边缘位置往往和外界环境相邻接,彩色图像在边缘检测时往往容易受到外界环境的干扰,导致边缘检测的阈值难以选择。在复杂场景下,由彩色图像通过边缘检测得到的二值图像信息混乱,不利于轮廓的提取,如图 4.13(a)所示。深度图像的形成只与采集器到各点之间的距离相关,不易受外界环境影响,边缘信息提取的效果较好,提取效果如图 4.13(b)所示。因此本节在深度图像的生长参数特征部位进行边缘分割和提取,获取特征部位轮廓。

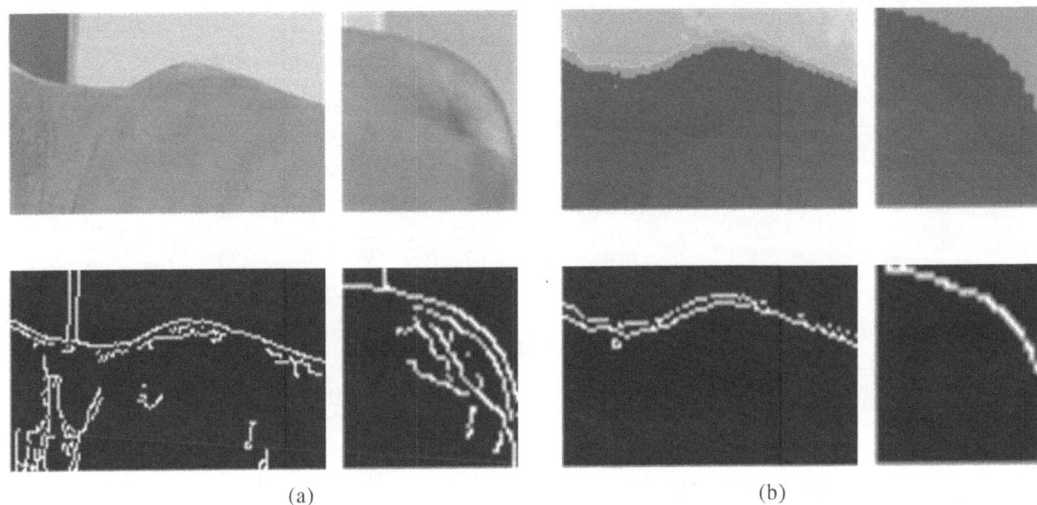

图 4.13　彩色深度图像边缘检测对比

(a)彩色图像;(b)深度图像

根据牛体的轮廓特征,轮廓曲线中曲率最大的点是鬐甲、肩胛和坐骨生长参数测点。但是在进行曲率计算时,需要较为平滑的曲线才能保证曲率计算的准确性。由于轮廓的曲线表达式未知,所以本节首先对关键轮廓中的点集进行三次多项式拟合,拟合方程基本形式定义为 $ax^3 + bx^2 + cx + d = y$。

为了确保曲率计算的准确性,本节采用三点圆弧曲率法在拟合曲线上每间隔 1 像素点计算一次曲率,并搜索最大曲率点。在根据二维空间欧氏距离计算的轮廓点的点集中选择与拟合曲线上最大曲率点距离最近的点作为该部位测点,效果如图 4.14 所示。图中拟合曲线上曲率最大的点用菱形标志标识,轮廓点集中选取的测点以方形标志标识,其分布展示了关键轮廓中的点集位置信息和拟合曲线及曲线方程的表达式。

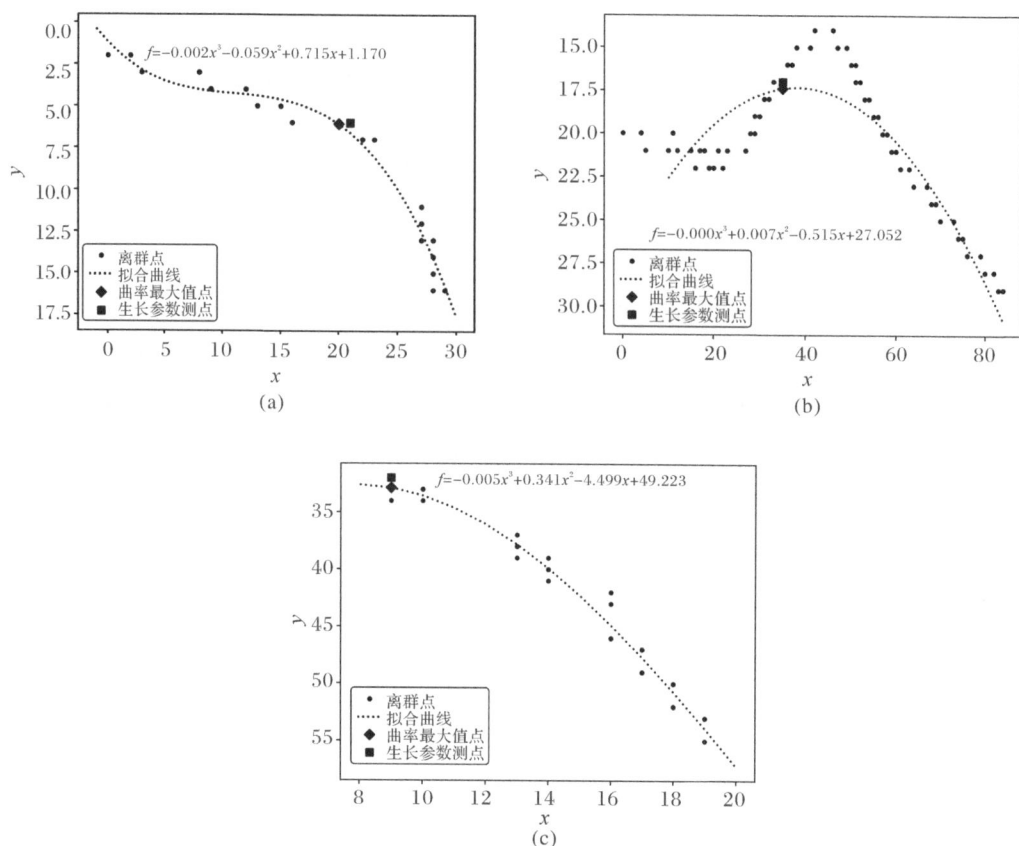

图 4.14 拟合曲线和测点
(a)坐骨端测点；(b)牛鬐甲端测点；(c)肩胛端测点

4.2.4 牛生长参数计算方法

本节利用 Kinect 软件开发工具包提供的二维坐标系到三维坐标系的转换矩阵将鬐甲、肩胛和坐骨测点映射到三维空间,进而计算生长参数。

计算牛鬐甲高、臀端高不光需要牛鬐甲端、坐骨端处的测点,还需要知道测点在三维坐标系下到地面的距离。本节通过四个牛足关键轮廓拟合地面。首先,采集二维平面中牛足关键轮廓附近的点集,将这些点集通过转换矩阵转换到三维坐标系下。然后基于 RANSAC 算法对点集进行拟合和分割。地面点集分割为内点,非地面点集分割为外点。本节选取距离地面拟合方程 10 mm 内的点集视作内点,之外的视作外点。RANSAC 算法拟合地面方程的形式为 $ax+by+cz+d=y$,牛四足站立的拟合平面如图 4.15 所示。

本方法在真实三维坐标系下设计生长参数计算方法,测量结果不易受牛的站姿变化影响。鬐甲高和臀端高采用点到平面距离公式计算,采用欧氏距离式公式计算体斜长。体长可由肩胛测点、坐骨测点和肩胛水平线、坐骨垂线交点所构成的三角形求得。

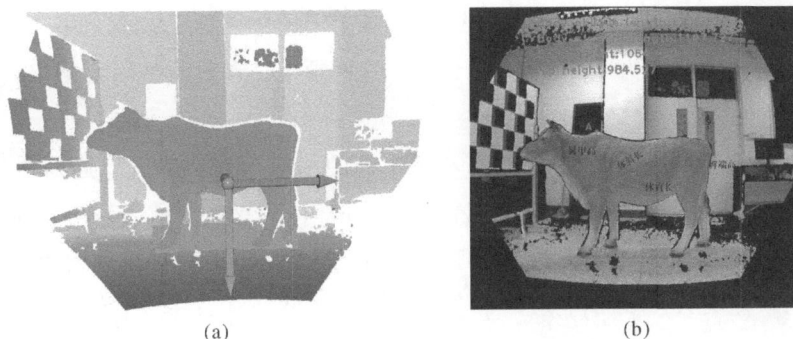

(a)　　　　　　　　　　　　　　　　(b)

图 4.15　二维和三维坐标系下牛体

(a)三维坐标系下牛体；(b)二维坐标系下牛体

4.2.5　实验与结果分析

为检测方法的有效性,笔者在实验室内搭建了实验平台。Kinect 软件的设备采用深度相机窄视场非装箱模式,分辨率为 640×576 像素、视角为 75°×65°、有效深度工作范围为 0.5～3.86 m。彩色相机分辨率为 1 280×720 像素,相机帧速率设定为 15 帧/s,设定深度和彩色相机同步采集。Kinect 软件的设备在出厂之前已经校准,笔者在实验中使用 Kinect 软件的相机参数为设备出厂时的校准参数。经测试,Kinect 软件的相机在黄牛侧约 2 m 距离时,深度相机能完整获取侧面图像。

人工测量牛生长参数时使用的工具为卷尺,精度为 1 mm,在保持人工测点与牛特征部位生长参数测点一致情况下进行了多次测量并取均值。实验时,将牛模型旋转一定的角度,使 Kinect 软件传感器与实验室黄牛侧面成一定偏角,在偏角−15°～15°之间每隔 3°偏角进行一次实验数据统计,测试算法对于站姿偏角的适应性。实验结果见表 4.4。

表 4.4　人工测量与算法测量结果对比

偏角/(°)	实测值/m				检测值/m			
	体高	体斜长	体长	臀高	体高	体斜长	体长	臀高
15	1.05	1.19	1.13	0.98	1.04	1.17	1.09	0.99
12	1.05	1.19	1.12	0.98	1.04	1.17	1.10	0.99
9	1.05	1.19	1.13	0.98	1.05	1.19	1.13	0.98
6	1.05	1.19	1.13	0.98	1.05	1.19	1.10	0.99
3	1.05	1.19	1.13	0.98	1.04	1.18	1.12	0.98
0	1.05	1.19	1.13	0.98	1.04	1.22	1.12	0.98
−3	1.05	1.19	1.13	0.98	1.04	1.23	1.16	0.98
−6	1.05	1.19	1.13	0.98	1.05	1.20	1.09	0.99
−9	1.05	1.19	1.13	0.98	1.05	1.19	1.08	0.99
−12	1.05	1.19	1.13	0.98	1.04	1.24	1.13	1.00
−15	1.05	1.19	1.13	0.98	1.04	1.25	1.19	0.98

从表 4.4 中可以看出,鬐甲高的最大、最小相对误差分别为 1.24％和 0.09％,臀端高的最大、最小相对误差分别为 2.09％和 0.14％。这两项生长参数的平均测量相对误差分别为 0.76％和 0.76％,都小于 1％。

此外,当偏角绝对值增大时,臀端高和鬐甲高的相对误差会增大。这是由于 Kinect 软件的设备拍摄牛体侧面获得的信息会随着偏角的增大而减少,导致方法对边缘信息的检测效果会变差,获取的边缘轮廓曲线平滑程度下降,进而削弱了坐骨端和鬐甲处测点提取效果,导致相对误差增大。

表 4.4 中,体斜长的最大、最小相对误差分别为 4.72％和 0.19％,平均相对误差为 1.68％。体斜长的测量误差不是很稳定。偏角在 6°～9°时体斜长测量效果较好,这是由于实验牛在制作时,肩端平面与牛体成了一定夹角。在 6°～9°时,Kinect 软件的设备与肩端所在平面所成夹角较小,采集肩端处信息比较多。故对肩端处轮廓提取效果较好,测点的寻找较为准确。在 −9°～ −6°测量时体斜长相对误差较小。其原因是随着角度的减少不光肩胛点周围的信息采集在减少,主要干扰肩端测点提取牛腿周围和脖颈周围的信息采集也在减少。因此肩端测点的提取误差变化不明显。在 −3°～3°时,体斜长的测量相对误差较大的原因在于这个角度范围内对肩胛处获取的信息较少,但是由于传感器采集信息时几乎正对牛体侧面,对于脖颈和大腿处的信息获取相对较多,从而导致轮廓边缘提取效果不好,进而导致测点提取偏移,导致体斜长相对误差较大。此外,由于体斜长的测量误差不光和肩端处测点的准确提取相关,还和坐骨处测点的准确提取相关。随着角度绝对值的增大,坐骨处采集的信息也在减少,导致臀端处测点的提取位置偏移。故当偏角绝对值等于 9°时,随着偏角绝对值的增大体斜长相对误差也增大。

表 4.4 中,体长的最大、最小相对误差分别为 5.79％和 0.23％,平均相对误差为 2.14％。体长测量误差相对于其他生长参数的测量误差最不稳定,且平均相对误差最大。这是由于本节设计的体长测量方法与体斜长、臀端高、肩端高多个生长参数相关联,导致体斜长的测量与臀端处测点、臀端处测点、地面平面拟合精度相关联。故体长的测量平均相对误差是本节所提方法中所有生长参数中最大、最不稳定的一项,其测量精度和其他生长参数测量的精度相关联。当其他生长参数相对误差较大时,体斜长的相对误差也会比较大。

基于上述分析,大多数生长参数在偏角绝对值超过一定大小时,会导致生长参数测量误差的增大。这是因为随着偏角绝对值的增大,生长参数测点处的信息采集量在减少,而干扰信息的采集量在增加,从而导致测点寻找准确度下降,进而导致生长参数测量误差的增大。此外,当偏角绝对值增大时,YOLOv5 目标检测算法对于牛生长参数特征部位信息的检测框置信度下降。在偏角达到一定程度时,将无法检测到部分牛生长参数特征部位信息,当偏角达到 −18°时,实验牛肩胛处的信息将不再被检测到。当偏角绝对值达到 25°和 35°左右时,牛的前腿间或后腿间会形成遮挡,牛足的采集信息不足,导致地面平面拟合的效果不稳定,且无法准确确定牛体鬐甲处测点所在轮廓位置。综上所述,本节得到的最佳检测偏角范

围为 $-9°\sim9°$，最佳测量距离为 $2\sim3$ m，在这个范围内所有牛生长参数都可以获得较好的测量结果。

　　基于 Kinect 软件的牛生长参数测量方法利用 YOLOv5 目标检测算法和深度图像信息特性，有效地减少了在复杂背景下牛体其他部位和测量背景环境对牛体测点提取的干扰。此外，利用深度信息将测点转换到三维坐标系，在三维坐标系下计算生长参数，不易受站姿偏角的影响，在不同偏角下测量生长参数具有较高的精确度，为基于机器视觉的牛生长参数测量任务提供了一种有效的尝试和参考。

4.3　基于深度估计的生长参数测量方法

　　三维重建是计算机视觉研究的重要任务之一。近年来，随着深度学习的发展，彩色图像深度估计任务也得到了一定的关注，取得了显著效果。笔者提出了基于双目深度估计的牛生长参数测量方法，首先通过双目相机采集图片，利用 YOLOv5 目标检测算法检测图像中的生长参数特征部位，结合边缘检测等算法获取牛生长参数测点。另外，利用双目立体匹配算法将双目二维图像转化为空间三维深度信息图，在深度信息图上读取测点三维坐标，进而计算牛的生长参数体高、体长和体斜长生长参数，测量方案如图 4.16 所示。

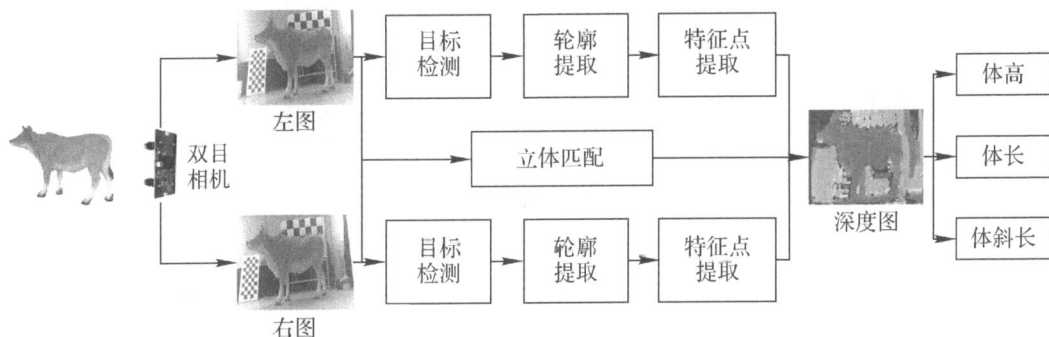

图 4.16　测量方案图

4.3.1　双目立体匹配方法

　　本节提出了基于双目立体匹配算法（Semi - global Block Matching，SGBM）的牛生长参数测量方法，利用左目、右目相机采集双视角图像，以左目相机光心点作为三维坐标原点，将所测的双目图像信息的像素点坐标转化为三维坐标，在三维坐标系计算牛的体高、体长、体斜长生长参数。

　　双目相机的立体匹配一般包括相机的标定、校正、立体匹配，SGBM 基于互信息像素级匹配的思想，通过结合多个一维约束来逼近全局的二维平滑约束。该算法可以分为四个步骤，分别为匹配代价计算、成本汇总、视差计算和视差细化。

首先,设定标定参照物并由此计算摄像机的内外参数。实验中,采用大小为 7×10 像素、小方格边长为 20 mm × 20 mm 的棋盘格,对左、右相机进行单目标定。然后,利用 MATLAB 标定工具箱对左、右相机进行双目标定,获取左、右相机的焦距、畸变矩阵、平移向量以及旋转向量。之后,利用 SGM 全局能量优化算法,求解每个像素点的最优视差。在此基础上,利用双目视差与深度关系生成深度估计图,如图 4.17 所示。

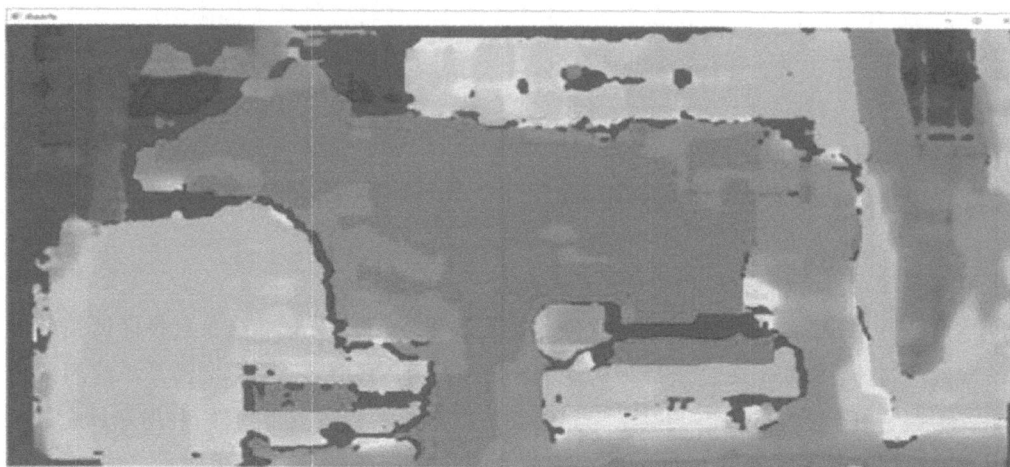

图 4.17 深度估计图

4.3.2 实验与结果分析

本方法利用 4.2 节中的生长参数特征部位检测模型 YOLOv5 检测图像中生长参数特征部位,在局部进行背景分割、轮廓提取,采用 4.2 节 U 弦长极值搜索法提取生长参数测点,之后将测点投影到深度估计图像,计算生长参数。

笔者及其科研团队搭建了双目深度估计生长参数测量平台,服务器配置 GTX2080TI 的显卡。实验中,测量模型牛与摄像机镜头平面在偏角 −25°～25° 之间,按照 5° 间隔调整实验模型牛的姿态,实验结果见表 4.5。

表 4.5 牛生长参数检测值与真实值比较

偏角/(°)	真实值/cm			测量值/cm		
	体长	体高	体斜长	体长	体高	体斜长
25	112.5	105.4	122.2	110.1	105.6	120.5
20	112.5	105.4	122.2	108.3	104.6	122.7
15	112.5	105.4	122.2	111.2	107.4	128.5
10	112.5	105.4	122.2	110.6	106.8	126.3
5	112.5	105.4	122.2	113.4	104.7	125.6
0	112.5	105.4	122.2	112.9	107.1	129.3
−5	112.5	105.4	122.2	107.4	103.4	120.0

续表

偏角/(°)	真实值/cm			测量值/cm		
	体长	体高	体斜长	体长	体高	体斜长
−10	112.5	105.4	122.2	115.6	106.3	124.6
−15	112.5	105.4	122.2	118.2	105.2	128.3
−20	112.5	105.4	122.2	116.7	107.4	124.6
−25	112.5	105.4	122.2	113.4	106.8	128.3

测量结果中,体长的最大、最小相对误差分别为 5.0% 和 0.3%,体高的最大、最小相对误差分别为 1.9% 和 0.2%,体斜长的最大、最小相对误差分别为 5.8% 和 0.4%。在实验中,由牛的站姿偏角、光线变化等导致的生长参数测点抖动是影响生长参数精度的主要原因。此外,深度估计生成质量也是影响测量准确率的重要因素。

4.4　基于多视角摄像头的生长参数测量方法

牛的生长参数包括体高、体长、体斜长、胸围和腹围等数据,其中胸围和腹围是体重估计的重要指标。因此,笔者提出了基于多视角摄像头的生长参数测量方法,利用侧身相机和背部相机融合处理,提取生长参数测点、拟合生长参数线段、曲线,进而计算体高、体长、体斜长、胸围和腹围等参数。

4.4.1　生长参数测量方法

该系统的硬件设备由牛圈通道的牛保定架、侧身相机、背部相机、RFID 耳标读卡器和体重秤组成。其中,侧身相机用于采集牛侧身图像获取侧身生长参数测点,背部相机用于采集背部图像并获取俯视视角下的胸围、腹围测点。生长参数测量系统硬件结构图如图 4.18 所示。

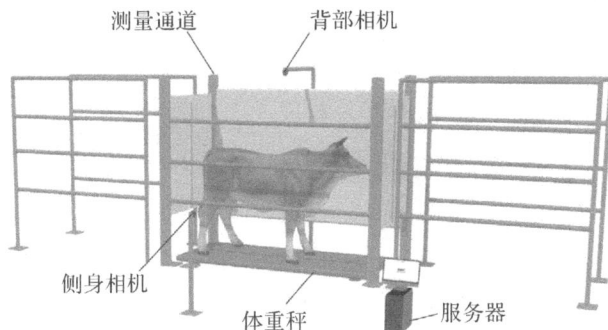

图 4.18　生长参数测量系统硬件结构图

基于多机位相机的牛生长参数测量算法主要包括侧身图像特征部位目标检测模型、背部图像目标分割模型和生长参数测点提取算法。侧身图像利用 YOLOv5 模型检测识别生长参数特征部位,在此基础上提取体高、体长、体斜长以及侧身胸围、腹围测点。背部图像利用 Segment Anything 分割模型分割牛背进而提取背部轮廓获取俯视视角下腹围、胸围背部测点。之后,通过两个视角的测点拟合体高、体斜长生长参数线段以及胸围、腹围生长参数曲线,进而计算生长参数、估计体重。多机位生长参数测量算法如图 4.19 所示。

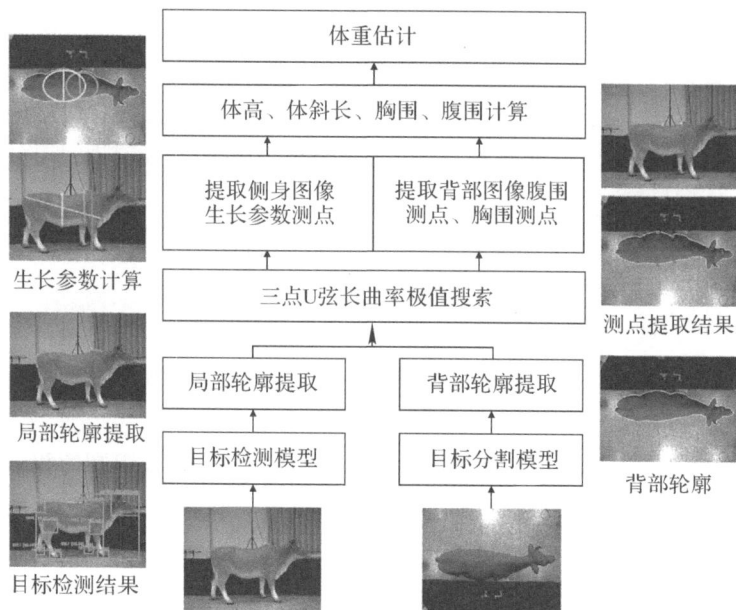

图 4.19 多机位生长参数测量算法

为了不断提高生长参数特征部位检测的准确率,笔者及其科研团队持续扩充并制作牛生长参数特征部位数据集 CABM2021,训练 YOLOv5 目标检测模型检测侧身图像中牛生长参数特征部位。

目标检测模型 YOLOv5 训练初始学习率为 0.01,采用随机最速下降法(动量为 0.937),权重衰减系数为 0.000 4,训练最大迭代轮数为 200,输入图像大小为 640×640 像素、批次的大小为 16。生长参数特征部位检测模型实际效果如图 4.20 所示。

图 4.20 特征部位检测效果图

该方法利用目标检测模型 YOLOv5 提取侧身图像中牛的体高、体长以及体斜长生长参数特征部位,在这个基础之上,利用 Canny 边缘检测算法提取检测框内的三处轮廓,基于三点圆弧曲率法求解采样点曲率,进而将曲率极值点作为相应的生长参数测点,原理如图4.21 所示。

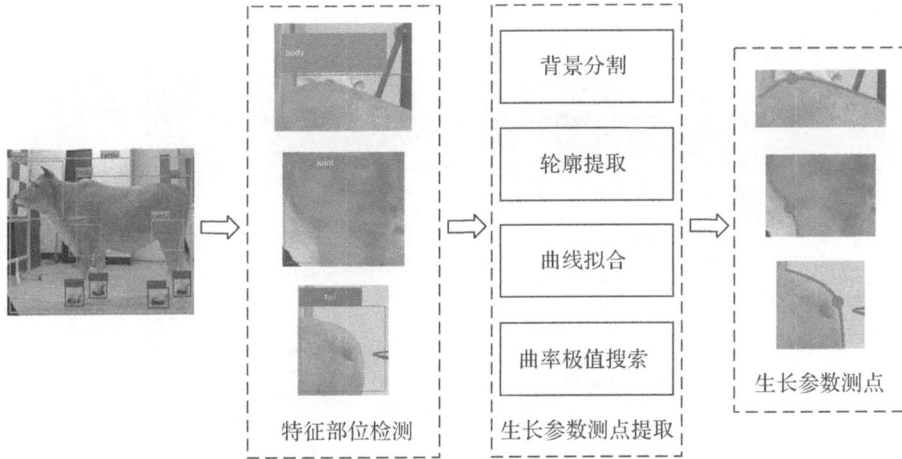

图 4.21　侧身生长参数测点提取方法

背部图像采用 Segment Anything 目标分割算法,分割背部图像中的牛背目标。背部图像分割效果如图 4.22 所示。

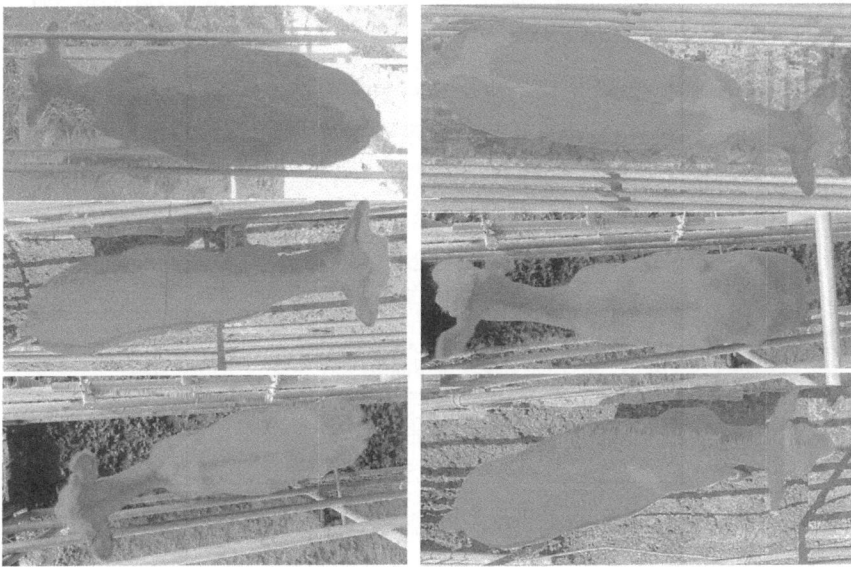

图 4.22　背部图像分割效果

分割完成后,利用 OpenCV 库提供的相关函数从分割图像上进行边缘轮廓提取。在此基础上,利用侧身图像和背部图像中牛头、尾部位置校准、对齐牛的侧身、背部图像。之后,利用侧身图像中前、后关节点(joint1、joint2)部位中心点的分布在侧身及背部图像中分割出牛腹部区域。在背部图像分割出的腹部区域前半段轮廓线上利用 U 弦长极值搜索法确定胸围测点 E_l、E_r,利用腹部区域上、下曲线垂直极值搜索腹部测点 F_l、F_r。然后,将背部获取的胸围测点 E_l、E_r,腹部测点 F_l、F_r 投影到侧身图像腹部轮廓中提取 E_t、E_b、F_t、F_b 测点,进而利用 E_l、E_r、E_t、E_b 拟合胸围椭圆曲线,利用 F_l、F_r、F_t、F_b 拟合腹部椭圆曲线,计算牛的腹围、胸围。生长参数测点及测点提取效果如图 4.23 所示。

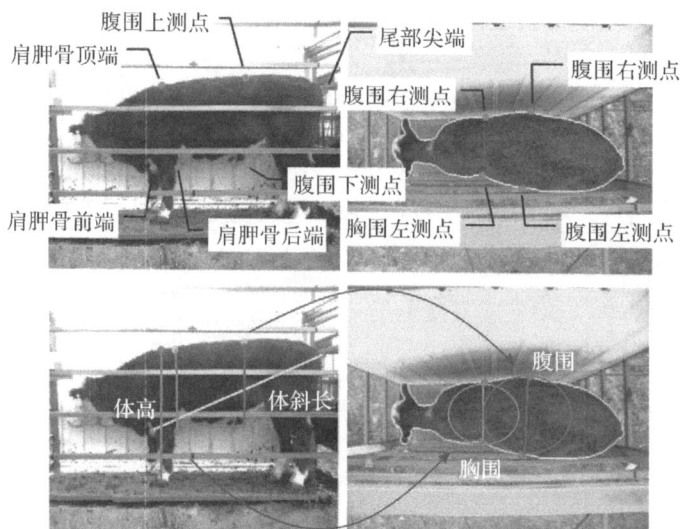

图 4.23　生长参数测点及测点提取效果

4.4.2　应用系统设计和测试结果

在算法开发的基础上,笔者搭建了牛生长参数测量应用系统,用于测量牛的体高、体斜长、腹围、胸围等生长参数,并估计其体重。该系统的硬件平台为 Inter i7 – 7700k、NVIDIA GeForce GTX 1070,软件平台基于 Ubuntu 18.04 操作系统,安装 Pytorch 1.7.1、Cuda 10.1.105、cudnn 8.0.5、Python 3.8.13 深度学习和应用平台,系统架构如图 4.24 所示。

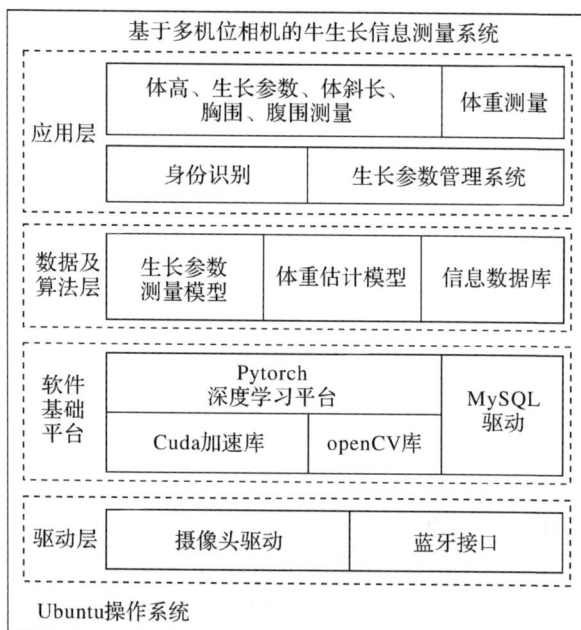

图 4.24　测量系统软件结构图

牛生长参数测量系统主要包括生长参数测量、牧户信息管理以及牛生长信息管理服务。

系统实际部署和应用如图 4.25 所示。

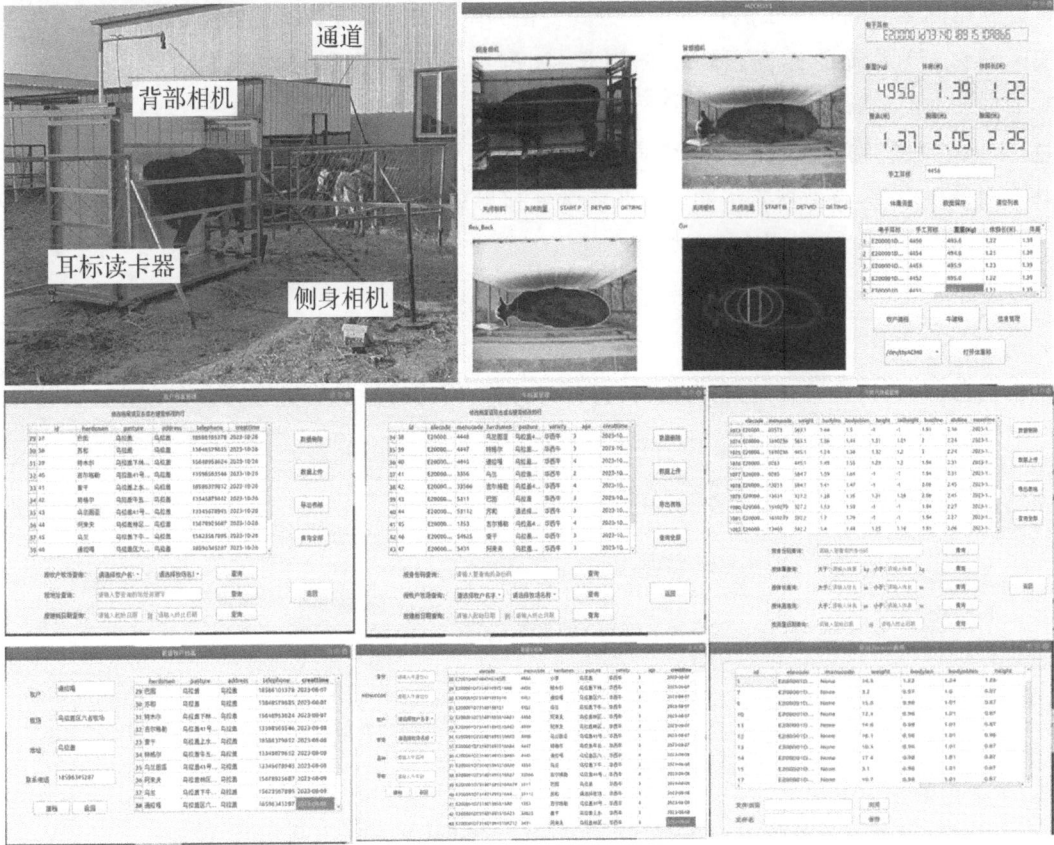

图 4.25　生长参数测量系统应用界面

　　该系统在内蒙古锡林郭勒盟乌拉盖华西牛育种基地进行了大量测试,系统实际部署方法及测试现场如图 4.26 所示。

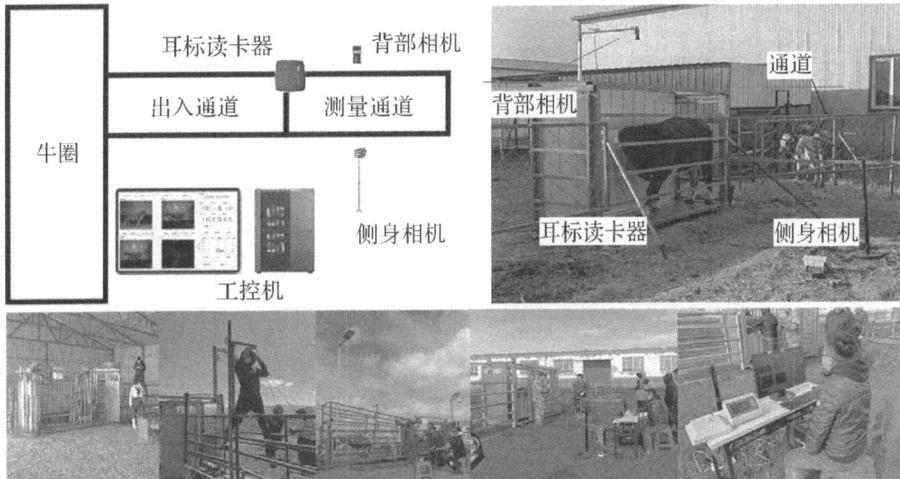

图 4.26　系统部署及测试现场

　　笔者及其科研团队在内蒙古锡林郭勒盟乌拉盖华西牛育种基地进行了大量的实地测试。利用测丈和卷尺人工测量生长参数真实值,作为实验基准数据。通过对 200 余头牛的实际测试,该系统的体高、体长、体斜长、胸围和腹围的测量相对误差分别为 3.75%、3.32%、3.82%、4.41%和 4.40%。该系统在体高、体长、体斜长测量上平均绝对误差不超过 15 cm,腹围、胸围测量的平均绝对误差分别不超过 20 cm 和 30 cm,能够满足育种基地的基本测量要求,为自然状态下牛全生长参数非接触式测量提供了较为可行的方法和示范。

第5章 精准畜牧业相关技术的发展前景

当前畜牧业养殖正处在由传统粗放型生产方式向精准化养殖方式转变的历史时期,计算机技术、电子技术、信息技术尤其是人工智能技术的发展,给畜牧业的信息化和智能化转型带来了全新的机遇。本节围绕牛精准化养殖相关技术,阐述了当前的发展现状,预测了发展趋势,为从事畜牧业生产和研究的农业工程研究人员在相关任务中的研究提供参考。

5.1 牛身份识别技术发展前景

在牛的精准化养殖、销售、溯源、金融保险各环节中,牛身份识别、身份勘验是核心基础。然而,目前基于计算机视觉的牛身份识别技术仍然独立于各个环节,尚未形成全流程身份追踪。此外,在各个环节的牛身份识别应用也尚未成熟。

首先,在牛的生物学特征方面,针对不同的应用场景,牛脸、唇纹、虹膜、视网膜等图像仍然是静态身份识别场景下的主要度量特征,如金融保险、防疫登记等。但是当前相关的数据集规模较小,识别算法能力验证仍然不足。在牛脸识别研究中,基于深度学习的特征提取方法,受到牛脸数据集规模的限制,遍历的数据规模较小,无法可靠保证身份信息学习的唯一性。因此,深度学习结合传统特征提取的方法仍然值得研究人员关注。此外,基于多模态信息的学习方法也值得研究人员密切关注和尝试,利用语言特征描述辅助监督图像编码器,可以有效提高图像编码器对于牛脸视觉属性的学习能力,进而有助于提高身份特征的可靠性。

其次,在精准畜牧业生产中,自然状态下动态、实时的个体身份识别仍然是当前牛身份识别任务中的难点问题。自然状态下牛的多视角图像随着牛的姿态、视角变化呈现较大差距,且同类、不同视角图像特征的相关性较小,因此,设计和构造有效、可行的基于牛多视角图像的身份识别方法仍然是研究重点,研究人员可以尝试从以下几个方面开展相关的研究工作:

(1)牛多视角图像身份识别数据集制作难度较大,如何在中小规模数据集上训练出较高泛化性的特征提取模型,仍然是难点问题。同时,在小样本条件下,提高模型的特征学习能力,也是值得研究的问题。

（2）无监督学习也是该领域中值得探索的方法。在无监督学习任务中，目前缺乏不同的数据领域间差异性度量分析，也尚未从理论上给出源域数据集的学习能力在目标域上的适应性，即学习迁移能力对于源域数据集和目标域数据集分布差异的适应性。后续将深入开展数据域差异度量方法研究，以及学习迁移能力与数据域差异之间的适应性研究。

（3）基于视频的牛身份识别方法可以充分利用牛的时空形态特征，如何利用真实场景监控视频中的时空相关信息，研究基于视频的牛身份识别方法也是解决动态条件下牛身份识别问题的可行方法。这有助于在更加贴近真实养殖场景条件下识别牛个体身份，不断推进精准畜牧业牛养殖生产中连续、实时身份识别问题的解决。

5.2　牛生长参数测量技术发展前景

牛的生长参数直接反映牛的发育状况、生产性能及遗传特性，在饲喂、育种、肉质评价等方面有重要的指导价值。如何在自然状态下自动、快速测量牛的生长参数是该领域研究需要重点解决的问题。

（1）牛的姿态对于其生长参数测量的准确性影响较大。在测量过程中，牛的姿态变化影响其体高、体长等数据的精度。此外，牛的呼吸节奏也会影响其胸围、腹围的测量。在牛的生长参数测量应用中，如何设计简洁、快速的测量场景，牛在自然状态下、无身体束缚导致的应激反应下进行测量，是解决这一问题的关键。

（2）测点提取算法是基于计算机视觉的生长参数测量技术核心，结合深度学习目标检测、目标分割和传统几何特征提取测点的方法仍然是目前的主流方法，尚无"端对端"的测点提取方法。因此，如何构造"端对端"的一步法模型直接提取生长参数测点，值得广大研究人员的关注。

（3）在各项生长参数中，胸围、腹围测量仍然是难点，单目相机无法获取深度信息，不能直接测量胸围、腹围参数。三维快速成像及三维图像中的测点提取也是这个领域的研究方向。

参考文献

[1] 中共中央,国务院.中共中央　国务院关于抓好"三农"领域重点工作确保如期实现全面小康的意[EB/OL].(2020-02-05)[2024-04-24].https://www.gov.cn/zhengce/2020-02/05/content_5474884.htm.

[2] 中共中央,国务院.中共中央　国务院关于全面推进乡村振兴加快农业农村现代化的意见[EB/OL].(2021-02-21)[2024-04-24].https://www.gov.cn/zhengce/2021-02/21/content_5588098.htm.

[3] 中共中央,国务院.中共中央　国务院关于做好2022年全面推进乡村振兴重点工作的意见[EB/OL].(2022-02-22)[2024-04-24].https://www.gov.cn/zhengce/2022-02/22/content_5675035.htm.

[4] 中共中央,国务院.中共中央　国务院关于做好2023年全面推进乡村振兴重点工作的意[EB/OL].(2023-02-13)[2024-04-24].https://www.gov.cn/zhengce/2023-02/13/content_5741370.htm.

[5] 中共中央,国务院.国务院关于印发新一代人工智能发展规划的通知[EB/OL].(2017-07-08)[2017-07-20].https://www.gov.cn/zhengce/content/2017/07/20/content_5211996.htm.

[6] 内蒙古自治区政府.内蒙古自治区"十四五"推进农牧业农村牧区现代化发展规划[EB/OL].(2021-12-31)[2024-04-24].http://nmt.nmg.gov.cn/gk/zfxxgk/fdzdgknr/ghjh/202204/t20220419_2040938.html.

[7] AWAD A I.From classical methods to animal biometrics:a review on cattle identification and tracking[J].Comput Electron Agric,2016,123:423-435.

[8] 耿丽微,钱东平,赵春辉.基于射频技术的奶牛身份识别系统[J].农业工程学报,2009,25(5):137-141.

[9] 郭卫,钱东平,王辉,等.奶牛身份射频识别系统的防冲突技术[J].农业工程学报,2009,25(11):222-225.

[10] 庞超,何东健,李长悦,等.基于 RFID 与 WSN 的奶牛养殖溯源信息采集与传输方法[J].农业工程学报,2011,27(9):147－152.

[11] 申光磊,昝林森,段军彪,等.牛肉质量安全可追溯系统网络化管理的实现[J].农业工程学报,2007,23(7):170－173.

[12] KAUR A,KUMAR M,JINDAL M K. Shi-Tomasi corner detector for cattle identification from muzzle print image pattern[J]. Ecol Inform,2022,68:101549.

[13] KUMAR Santosh,KUMAR Sunil,SHAFI M,et al. A novel multimodal framework for automatic recognition of individual cattle based on hybrid features using sparse stacked denoising autoencoder and group sparse representation techniques[J]. Multimed Tools Appl,2022,81(21):31075－31106.

[14] LI G M,ERICKSON G E,XIONG Y J. Individual beef cattle identification using muzzle images and deep learning techniques[J]. Animals,2022,12(11):1453.

[15] KUMAR S,SINGH S K,SINGH R S,et al. Real-time recognition of cattle using animal biometrics[J]. J Real Time Image Process,2017,13(3):505－526.

[16] KUMAR S,SINGH S K. Automatic identification of cattle using muzzle point pattern:a hybrid feature extraction and classification paradigm[J]. Multimed Tools Appl,2017,76(24):26551-26580.

[17] LU Y,HE X F,WEN Y,et al. A new cow identification system based on iris analysis and recognition[J]. Int J Biom,2014,6(1):18.

[18] SUN S N,YANG S C,ZHAO L D. Noncooperative bovine iris recognition via SIFT[J]. Neurocomputing,2013,120:310－317.

[19] 盛大玮,何孝富,吕岳.基于最小二乘原理的牛眼虹膜分割方法[J].中国图象图形学报,2009,14(10):2132－2136.

[20] 孔强,赵林度.虹膜识别在肉类食品安全追溯系统中的应用及关键技术研究[J].中国安全科学学报,2009,19(3):155－160.

[21] 李超,赵林度.牛眼虹膜定位算法研究及其在肉食品追溯系统中的应用[J].中国安全科学学报,2011,21(3):124－130.

[22] ALLEN A,GOLDEN B,TAYLOR M,et al. Evaluation of retinal imaging technology for the biometric identification of bovine animals in Northern Ireland[J]. Livest Sci,2008,116(1/2/3):42－52.

[23] SAYGILI A,CIHAN P,ERMUTLU C Ş,et al. CattNIS:novel identification system of cattle with retinal images based on feature matching method[J]. Comput Electron Agric,2024,

221:108963.

[24] WENG Z, MENG F S, LIU S Q, et al. Cattle face recognition based on a Two-Branch convolutional neural network[J]. Comput Electron Agric,2022,196:106871.

[25] XU B B,WANG W S,GUO L F,et al. CattleFaceNet:a cattle face identification approach based on RetinaFace and ArcFace loss[J]. Comput Electron Agric,2022,193:106675.

[26] LI Z,LEI X M,LIU S. A lightweight deep learning model for cattle face recognition[J]. Comput Electron Agric,2022,195:106848.

[27] LI Z,LEI X M. Cattle face recognition under partial occlusion[J]. J Intell Fuzzy Syst,2022, 43(1):67 - 77.

[28] XU B B,WANG W S,GUO L F,et al. Evaluation of deep learning for automatic multi-view face detection in cattle[J]. Agriculture,2021,11(11):1062.

[29] 赵凯旋,何东健.基于卷积神经网络的奶牛个体身份识别方法[J].农业工程学报,2015,31 (5):181 - 187.

[30] ZHAO K X,JIN X,JI J T,et al. Individual identification of Holstein dairy cows based on detecting and matching feature points in body images[J]. Biosyst Eng,2019,181:128 - 139.

[31] LI W Y,JI Z T,WANG L,et al. Automatic individual identification of Holstein dairy cows using tailhead images[J]. Comput Electron Agric,2017,142:622 - 631.

[32] ANDREW W, GREATWOOD C, BURGHARDT T. Visual localisation and individual identification of Holstein Friesian cattle via deep learning[C]//2017 IEEE International Conference on Computer Vision Workshops (ICCVW),October 22-29,2017,Venice,Italy. New York:IEEE,2017:2850 - 2859.

[33] ANDREW W, GREATWOOD C, BURGHARDT T. Deep learning for exploration and recovery of uncharted and dynamic targets from UAV-like vision[C]//2018 IEEE/RSJ International Conference on Intelligent Robots and Systems (IROS),October 1-5,2018, Madrid,Spain. New York:IEEE,2018:1124 - 1131.

[34] WILLIAM A. Visual biometric processes for collective identification of individual Friesian cattle[D]. Bristol,South West England,UK:University of Bristol,2019.

[35] ANDREW W, GAO J, MULLAN S, et al. Visual identification of individual Holstein-Friesian cattle via deep metric learning[J]. Comput Electron Agric,2021,185:106133.

[36] ZHAO J M,LIAN Q S. Compact loss for visual identification of cattle in the wild[J]. Comput Electron Agric,2022,195:106784.

[37] ZHAO J M,LIAN Q S,XIONG N N. Multi-center agent loss for visual identification of

Chinese Simmental in the wild[J]. Animals,2022,12(4):459.

[38] ZHAO J M,LIAN Q S. Multi-centers SoftMax reciprocal average precision loss for deep metric learning[J]. Neural Comput Appl,2023,35(16):11989 – 11999.

[39] MAHMUD M S,ZAHID A,DAS A K,et al. A systematic literature review on deep learning applications for precision cattle farming[J]. Comput Electron Agric,2021,187:106313.

[40] BAO J,XIE Q J. Artificial intelligence in animal farming:a systematic literature review[J]. J Clean Prod,2022,331:129956.

[41] 陈顺三,汪懋华,谭玫芳. 奶牛体型图象信息系统研究[J]. 农业工程学报,1996,12(3):153 – 156.

[42] 黄君冉,钱东平,王文娣,等. 基于图像处理技术的奶牛体型线性评定系统[J]. 农业机械学报,2007,38(4):111 – 113.

[43] 陆文婷. 复杂背景下牛体检测的研究与实现[D]. 杨凌:西北农林科技大学,2015.

[44] ZHAO K X,HE D J. Target detection method for moving cows based on background subtraction[J]. Int J Agr Biol Eng,2015,8(1):42 – 49.

[45] 常海天. 一种牛体尺非接触测量系统研究[D]. 长春:长春工业大学,2018.

[46] 赵凯旋. 基于机器视觉的奶牛个体信息感知及行为分析[D]. 杨凌:西北农林科技大学,2017.

[47] KAWASUE K,WIN K D,YOSHIDA K,et al. Black cattle body shape and temperature measurement using thermography and KINECT sensor[J]. Artif Life Robot,2017,22(4):464 – 470.

[48] 牛金玉. 基于三维点云的奶牛体尺测量与体重预测方法研究[D]. 杨凌:西北农林科技大学,2018.

[49] HUANG L W,LI S Q,ZHU A Q,et al. Non-contact body measurement for Qinchuan cattle with LiDAR sensor[J]. Sensors (Basel),2018,18(9):3014.

[50] MARTINS B M,MENDES A L C,SILVA L F,et al. Estimating body weight,body condition score,and type traits in dairy cows using three dimensional cameras and manual body measurements[J]. Livest Sci,2020,236:104054.

[51] LI J W,MA W H,BAI Q,et al. A posture-based measurement adjustment method for improving the accuracy of beef cattle body size measurement based on point cloud data[J]. Biosyst Eng,2023,230:171 – 190.

[52] 赵建敏,赵忠鑫,李琦. 基于 Kinect 传感器的羊体体尺测量方法[J]. 江苏农业科学,2015,43(11):495 – 499.

[53] 赵建敏,文博,李琦.基于 Mask R-CNN 的牛体尺测量系统[J].畜牧与兽医,2021,53(5):42 – 48.

[54] 赵建敏,赵成,夏海光.基于 Kinect v4 的牛体尺测量方法[J].计算机应用,2022,42(5):1598 – 1606.

[55] 赵建敏,关晓鹏.基于双目深度估计的牛体尺测量方法设计[J].光电子.激光,2022,33(4):429 – 435.

[56] LI Q Q,ZHAO J M,BAI D,et al. Cattle body size measurement system based on dual-position cameras[C]//Proceedings of the International Conference on Computer Vision and Deep Learning,June 17-21,2024,Changsha China. New York:ACM,2024:1 – 6.

[57] YE M,SHEN J B,LIN G J,et al. Deep learning for person re-identification:a survey and outlook[J]. IEEE Trans Pattern Anal Mach Intell,2022,44(6):2872 – 2893.

[58] HADSELL R,CHOPRA S,LECUN Y. Dimensionality reduction by learning an invariant mapping[C]//2006 IEEE Computer Society Conference on Computer Vision and Pattern Recognition (CVPR'06),June 17-22,2006,New York,NY,USA. New York:IEEE,2006:1735 – 1742.

[59] SCHROFF F,KALENICHENKO D,PHILBIN J. FaceNet:a unified embedding for face recognition and clustering[C]//2015 IEEE Conference on Computer Vision and Pattern Recognition (CVPR),June 7-12,2015,Boston,MA,USA. New York:IEEE,2015:815 – 823.

[60] MOVSHOVITZ-ATTIAS Y,TOSHEV A,LEUNG T K,et al. No fuss distance metric learning using proxies[C]//2017 IEEE International Conference on Computer Vision (ICCV),October 22-29,2017,Venice,Italy. New York:IEEE,2017:360 – 368.

[61] TEH E W,DEVRIES T,TAYLOR G W. ProxyNCA++:revisiting and revitalizing proxy neighborhood component analysis[M]//Lecture Notes in Computer Science. Cham:Springer International Publishing,2020:448 – 464.

[62] KIM S,KIM D,CHO M,et al. Proxy anchor loss for deep metric learning[C]//2020 IEEE/CVF Conference on Computer Vision and Pattern Recognition (CVPR),June 13-19,2020,Seattle,WA,USA. New York:IEEE,2020:3235 – 3244.

[63] WEN Y D,ZHANG K P,LI Z F,et al. A discriminative feature learning approach for deep face recognition[M]//Lecture Notes in Computer Science. Cham:Springer International Publishing,2016:499 – 515.

[64] WANG F,XIANG X,CHENG J,et al. NormFace:L_2 Hypersphere embedding for face verification[C]//Proceedings of the 25th ACM international conference on Multimedia,

October 23-27,2017,Mountain View California USA. New York:ACM,2017:1041 - 1049.

[65] LIU W Y,WEN Y D,YU Z D,et al. SphereFace:deep hypersphere embedding for face recognition[C]//2017 IEEE Conference on Computer Vision and Pattern Recognition (CVPR),July 21-26,2017,Honolulu,HI,USA. New York:IEEE,2017:6738 - 6746.

[66] WANG H,WANG Y T,ZHOU Z,et al. CosFace:large margin cosine loss for deep face recognition[C]//2018 IEEE/CVF Conference on Computer Vision and Pattern Recognition, June 18-23,2018,Salt Lake City,UT,USA. New York:IEEE,2018:5265 - 5274.

[67] DENG J K,GUO J,XUE N N,et al. ArcFace:additive angular margin loss for deep face recognition[C]//2019 IEEE/CVF Conference on Computer Vision and Pattern Recognition (CVPR),June 15-20,2019,Long Beach,CA,USA. New York:IEEE,2019:4685 - 4694.

[68] QIAN Q,SHANG L,SUN B G,et al. SoftTriple loss:deep metric learning without triplet sampling[C]//2019 IEEE/CVF International Conference on Computer Vision (ICCV), October 27-November 2,2019,Seoul,Korea (South). New York:IEEE, 2019:6449 - 6457.

[69] YANG Z B,BASTAN M,ZHU X L,et al. Hierarchical proxy-based loss for deep metric learning[C]//2022 IEEE/CVF Winter Conference on Applications of Computer Vision (WACV),January 3-8,2022,Waikoloa,HI,USA. New York:IEEE, 2022:449 - 458.

[70]KHALID S S,AWAIS M,CHAN C H,et al. Npt-loss:a metric loss with implicit mining for face recognition[EB/OL]. (2021-03-05) [2023-02-17]. https://arxiv. org/abs/2103. 03503.

[71] CAKIR F,HE K,XIA X D,et al. Deep metric learning to rank[C]//2019 IEEE/CVF Conference on Computer Vision and Pattern Recognition (CVPR),June 15-20,2019,Long Beach,CA,USA. New York:IEEE, 2019:1861 - 1870.

[72] REVAUD J,ALMAZAN J,REZENDE R,et al. Learning with average precision:training image retrieval with a listwise loss[C]//2019 IEEE/CVF International Conference on Computer Vision (ICCV),October 27-November 2,2019,Seoul,Korea (South). New York: IEEE, 2019:5106 - 5115.

[73] ENGILBERGE M,CHEVALLIER L,PÉREZ P,et al. SoDeep:a sorting deep net to learn ranking loss surrogates[C]//2019 IEEE/CVF Conference on Computer Vision and Pattern Recognition (CVPR),June 15-20,2019,Long Beach,CA,USA. New York:IEEE, 2019: 10784 - 10793.

[74] CHEN K A,LI J G,LIN W Y,et al. Towards accurate one-stage object detection with AP-loss[C]//2019 IEEE/CVF Conference on Computer Vision and Pattern Recognition (CVPR),June 15-20,2019,Long Beach,CA,USA. New York:IEEE, 2019:5114 - 5122.

[75] ROLÍNEK M,MUSIL V,PAULUS A,et al. Optimizing rank-based metrics with blackbox differentiation［C］//2020 IEEE/CVF Conference on Computer Vision and Pattern Recognition (CVPR),June 13-19,2020,Seattle,WA,USA. New York:IEEE, 2020: 7617 - 7627.

[76] BROWN A,XIE W D,KALOGEITON V,et al. Smooth-AP:smoothing the path towards large-scale image retrieval［M］//Lecture Notes in Computer Science. Cham: Springer International Publishing,2020:677 - 694.

[77] WANG C Y,BOCHKOVSKIY A, LIAO H Y M. Scaled-YOLOv4: scaling cross stage partial network［C］//2021 IEEE/CVF Conference on Computer Vision and Pattern Recognition (CVPR), June 20-25, 2021, Nashville, TN, USA. New York: IEEE, 2021: 13024 - 13033.

[78]LECUN Y,CORTES C. The mnist database of handwritten digits[EB/OL]. [2023-02-17]. https://yann. lecun. com/exdb/mnist/.

[79] LECUN Y,BOTTOU L,BENGIO Y,et al. Gradient-based learning applied to document recognition[J]. Proc IEEE, 1998,86(11):2278 - 2324.

[80] SZEGEDY C,VANHOUCKE V,IOFFE S,et al. Rethinking the inception architecture for computer vision[C]//2016 IEEE Conference on Computer Vision and Pattern Recognition (CVPR),June 27-30,2016,Las Vegas,NV,USA. New York:IEEE, 2016:2818 - 2826.

[81] DENG J,DONG W,SOCHER R,et al. ImageNet:a large-scale hierarchical image database ［C］//2009 IEEE Conference on Computer Vision and Pattern Recognition,June 20-25, 2009,Miami,FL,USA. New York:IEEE, 2009:248 - 255.

[82] HE K M,ZHANG X Y,REN S Q,et al. Deep residual learning for image recognition[C]// 2016 IEEE Conference on Computer Vision and Pattern Recognition (CVPR),June 27-30, 2016,Las Vegas,NV,USA. New York:IEEE, 2016:770 - 778.

[83] POLYAK B T. Some methods of speeding up the convergence of iteration methods[J]. USSR Comput Math Math Phys,1964,4(5):0041555364901375.

[84] LabelImg[EB/OL]. ［2023-02-17］. https://github. com/tzutalin/labelImg.

[85] Yolov5:v6. 0-YOLOv5n 'Nano' models,roboflow integration,tensorflow export, opencv DNN support［EB/OL］. (2021-10-12) ［2023-02-17］. https://github. com/ ultralytics/yolov5.

[86] BOYD S P,VANDENBERGHE L. Convex optimization[M]. New York:Cambridge,2004.

[87] WAH C,BRANSON S,WELINDER P,et al. The caltechucsd birds-200-2011 dataset［EB/

[112] HE K M,GKIOXARI G,DOLLÁR P,et al. Mask *R*-CNN[C]//2017 IEEE International Conference on Computer Vision（ICCV），October 22-29,2017,Venice,Italy. New York：IEEE，2017:2980 - 2988.

[113] 郭娟娟,钟宝江. U 弦长曲率:一种离散曲率计算方法[J].模式识别与人工智能,2014,27 (8):683 - 691.

[114] HIRSCHMULLER H. Stereo processing by semiglobal matching and mutual information [J]. IEEE Trans Pattern Anal Mach Intell,2008,30(2):328 - 341.

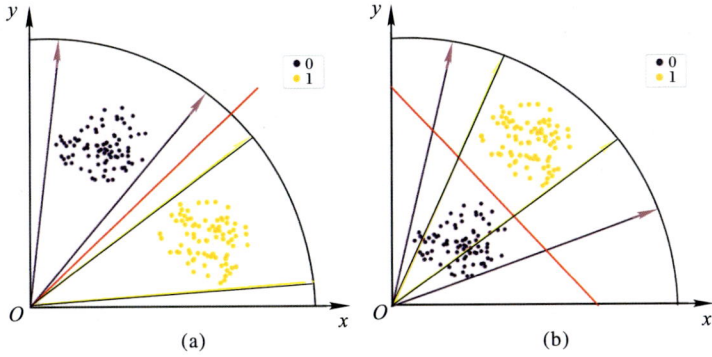

图2.8　标准线性可分和非标准线性可分空间

(a)标准线性可分分布；(b)非标准线性可分分布

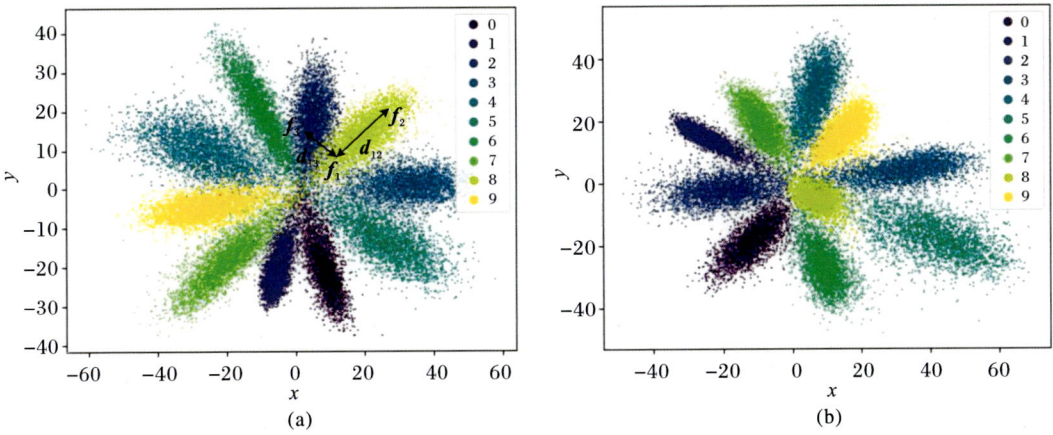

图2.9　SoftMax/SoftMax–nB监督下MNIST数据集特征分布

(a)无偏置项SoftMax训练结果；(b)标准SoftMax训练结果

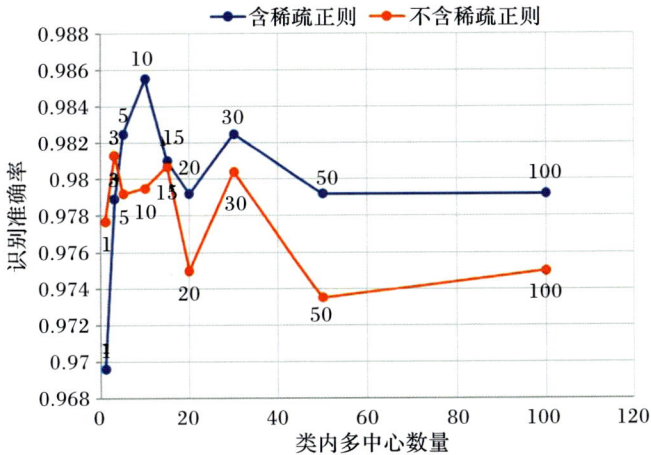

图2.18　中心学习及稀疏正则项性能分析

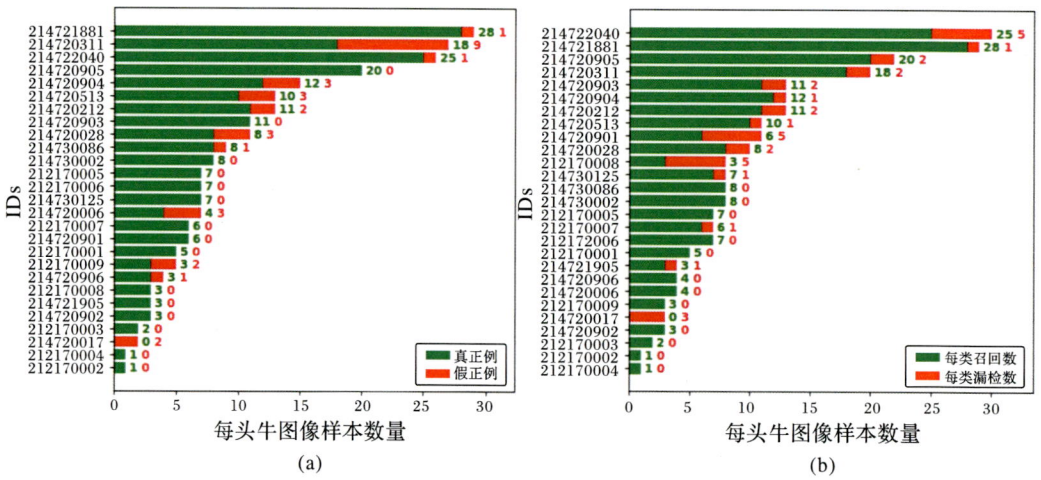

(a)   (b)

图2.20　多目标身份识别准确率和召回率(91张现场图像，27头牛)

(a)多目标身份识别准确率;(b)多目标身份识别召回率

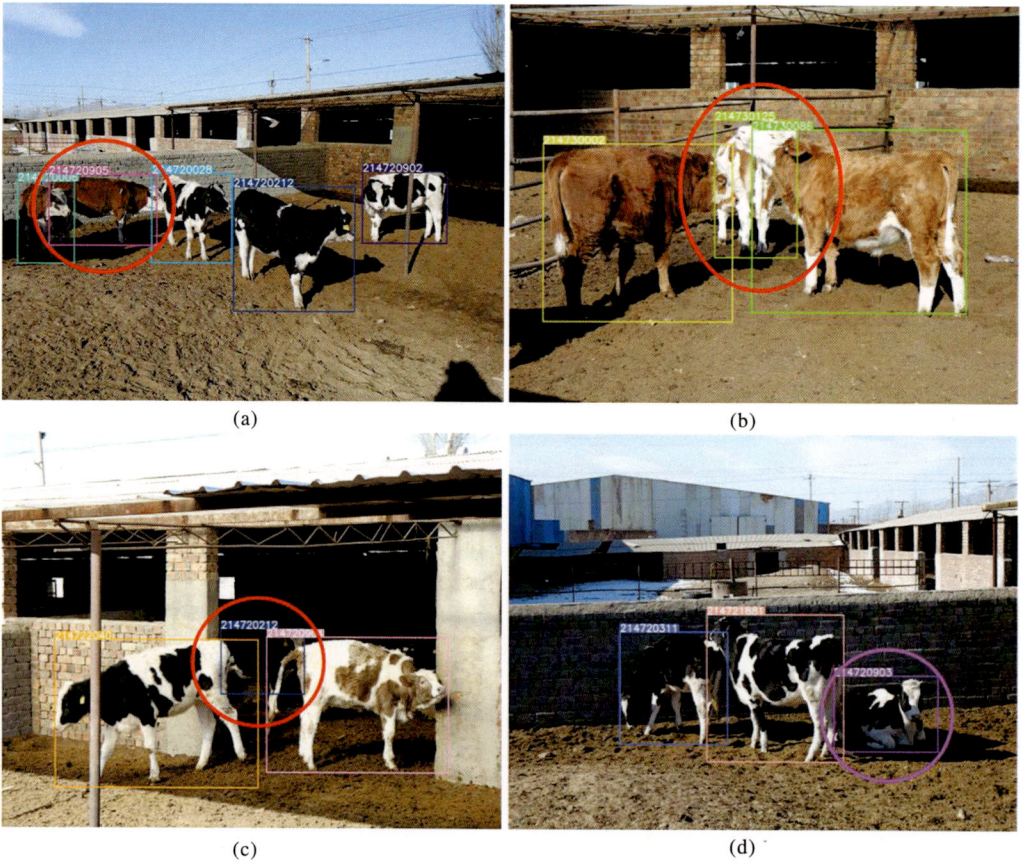

(a)   (b)

(c)   (d)

图2.21　多目标身份识别任务验证效果

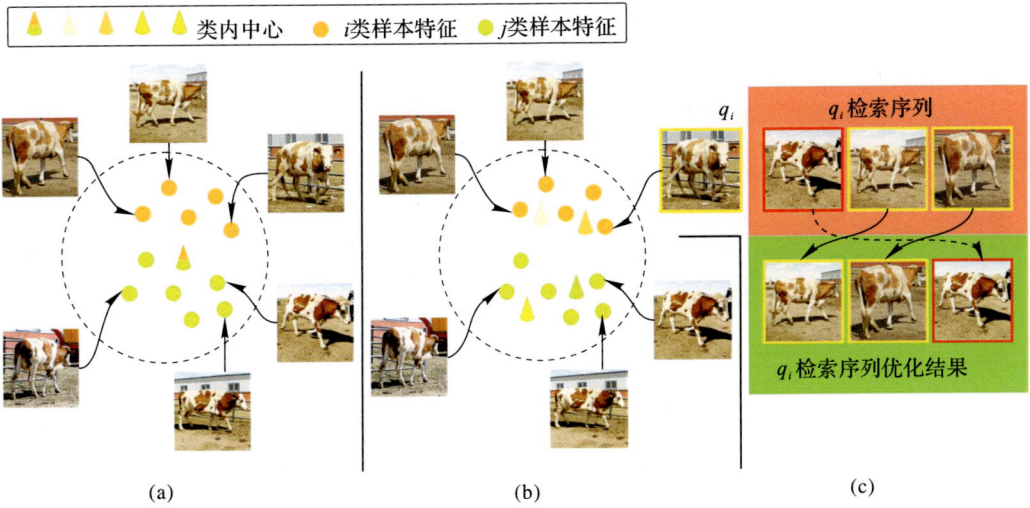

图2.23　单中心、多中心学习和检索序列优化目标
(a)单中心学习；(b)多中心学习；(c)检索序列排序优化

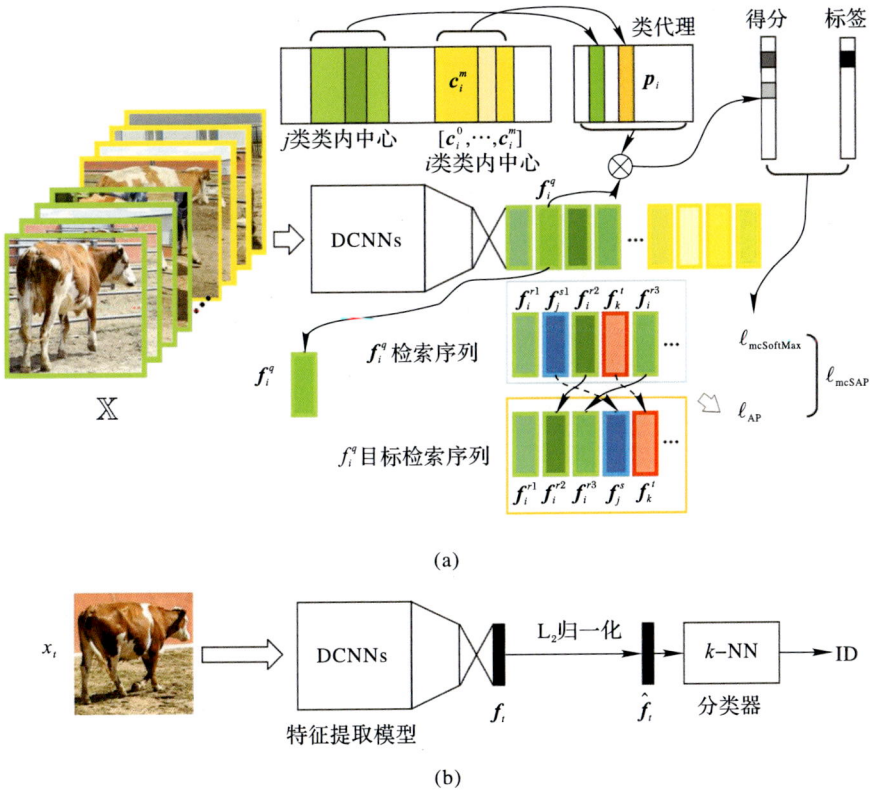

(a)

(b)

图2.25　基于mcSAP损失的识别算法框架
(a)训练阶段；(b)测试阶段

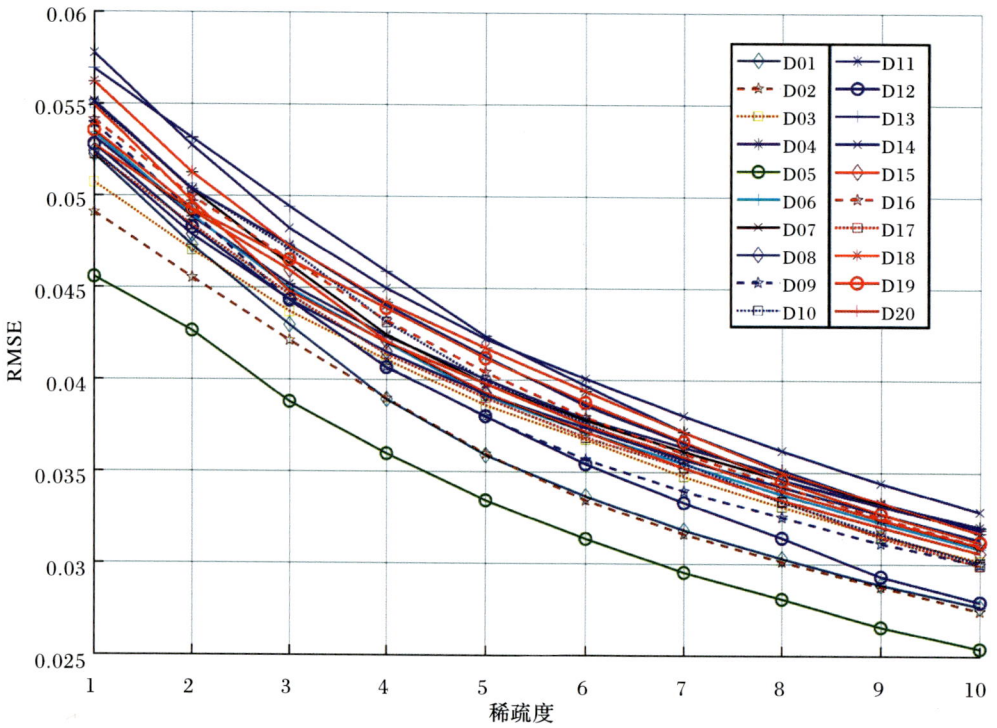

图3.7　c05t01、c05t04样本的稀疏度大小与重构误差的关系

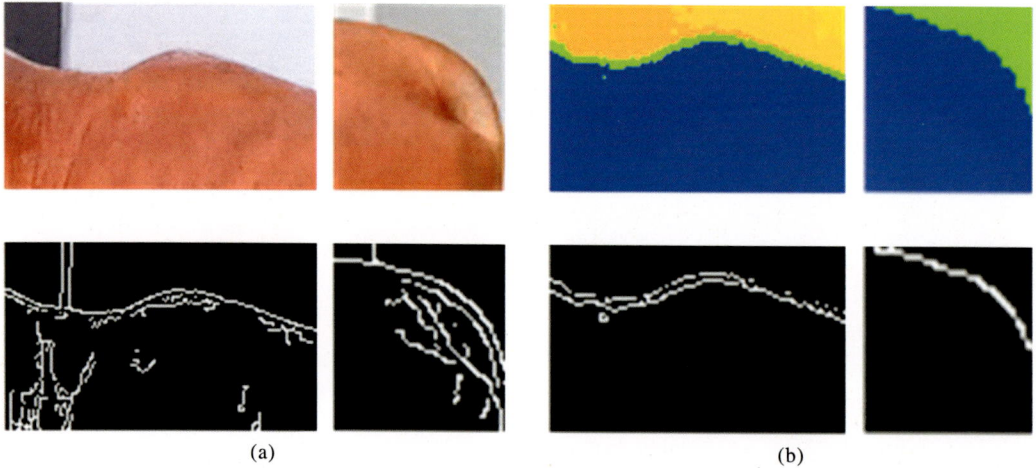

图4.13　彩色深度图像边缘检测对比
(a)彩色图像;(b)深度图像